HORRIBLE SCIENCE

可怕的科学

经典数学系列

特别要命的数学

MORE MURDEROUS MATHS

〔英〕卡佳坦·波斯基特／原著　〔英〕菲利浦·瑞弗／绘　艾力／译

北京出版集团
北京少年儿童出版社

著作权合同登记号

图字:01-2009-4298

图书在版编目(CIP)数据

特别要命的数学 /（英）波斯基特（Poskitt，K.）
原著；（英）瑞弗（Reeve，P.）绘；艾力译 . —2 版 . —
北京：北京少年儿童出版社，2010. 1（2024.10重印）
（可怕的科学·经典数学系列）
ISBN 978-7-5301-2344-7

Ⅰ.①特… Ⅱ.①波… ②瑞… ③艾… Ⅲ.①数学—
少年读物 Ⅳ.①01-49

中国版本图书馆 CIP 数据核字（2009）第 181250 号

可怕的科学·经典数学系列
特别要命的数学
TEBIE YAOMING DE SHUXUE

［英］卡佳坦·波斯基斯　原著
［英］菲利浦·瑞弗　绘
艾　力　译

*

北 京 出 版 集 团
北 京 少 年 儿 童 出 版 社　出版
（北京北三环中路6号）
邮政编码:100120

网　　址：w w w . b p h . c o m . c n
北 京 少 年 儿 童 出 版 社 发 行
新 华 书 店 经 销
北京雁林吉兆印刷有限公司印刷

*

787 毫米×1092 毫米　　16 开本　　9. 75 印张　　50 千字
2010 年 1 月第 2 版　　2024 年10月第 86 次印刷
ISBN 978 - 7 - 5301 - 2344 - 7/N・132
定价：25. 00 元
如有印装质量问题，由本社负责调换
质量监督电话：010 - 58572171

故事还在继续

城市： 美国伊利诺伊州芝加哥市
地点： 州立监狱
日期： 1929年12月2日
时间： 凌晨4：00

一只点燃的炸药筒从窗外飞了进来，滚落到地板上。

"糟了！"一根手指的吉米惊恐地尖叫着，"肯定是她干的，她想把我们赶走！"

"赶快扑灭它！"布雷德·博塞里喊道，"导火线马上就要烧到头了！"

7个男人掀开被窝，几秒钟的工夫就全都缩到墙角处的棉垫子后面去了。

"往里点，伙计们，"最胖的那个男人不满地唠叨着，"我的后背还露在外面呢！"

"哦，是吗，波基？"威赛尔冷笑着说，"谁让你长了那么大个块头儿，毫不夸张地说，假如吃早饭的时候，你不小心坐在了餐叉上，得到吃午饭时才觉出疼来！"

"都闭嘴！"布雷德呵斥了一声，"快趴下！"

导火线咝咝地响着，冒着耀眼的金星，刺得大家不禁都闭上了眼睛。

"你们这群臭小子！"门外传来一个女人的叫声，"但愿你们不要睡得太死！"

1

　　一把大钥匙转动了门锁，咔嗒一声，门开了，飘进一股浓浓的香水味，和屋里的臭袜子味儿形成强烈的对比。

　　"是多莉！"吉米惊讶地喊道，"你来这儿干什么？你不是应该在马路上拉客吗？"

　　"噢，只有你会那么想。"走廊的灯光把她的影子拉得很长，"你们这群笨蛋，哪儿能明白本小姐的心思呀？"

　　"小姐，我们觉得自己已经够聪明的了。"查尔索厚着脸皮搭腔说。

　　"哦，是吗？够聪明？聪明得你们7个人里都找不出一个能算清账单的，然后通通被抓了起来？"

　　"不就是算账吗？我们本来是会的。"吉米不服气地说。

　　"七七四十九，7个49是343，7个343是2401……"瘦高个儿在一旁叽里咕噜地说着。

　　"哼，充其量也不过是个会算数的机器，"多莉不屑一顾地说，"瞧，他只会把数往一块儿加，可加起来干什么用就不知道了！"

　　"他只是照我吩咐的去做罢了，"布雷德得意地自夸，"记住，里里外外，我都是头儿，凡事都得听我的！"

　　"那可不一定吧？"多莉反驳道，"喂，躲在墙角里那个穿着内裤的家伙是谁呀？"

　　"嘿，说你呢！老板！"笑面虎加百利捅了捅身边的布雷德。

　　"刚才在市长办公室喝鸡尾酒，扬言说要把你们保释出去的那个人是谁啊？" 多莉故意提高了嗓门。

　　"我们被保释了？"这群暴徒尖叫着。

　　"你的意思是，确实有人肯花钱保我们出去？"布雷德问道。

　　"是呀，"多莉回答说，"这总比你们在这儿被炸死好啊，这些警报器叫得我腿都发软。"

　　"可为什么要保释我们呢？"吉米疑惑地问，"我们简直就是一群肮脏卑鄙、无恶不作的恶棍！"

　　"没错，我们都坏透了。"其他人也附和着。

"所以你们的保释金是1000万美元！"多莉说。

房间里突然一下子安静下来。

"谁会出这么多钱？"布雷德问。

"一个朋友，"多莉说，"一个想有所回报的朋友。"

"什么条件？"

"诺克斯运钞公司！"多莉郑重其事地说。

"开什么玩笑！"布雷德说，"谁敢打他们的主意？"

"我会想办法的。"多莉好像已经成竹在胸了！

"好！不愧是女中豪杰！"吉米马上奉承了一句。

"我可不喜欢这样。"布雷德说。

"没人管你喜不喜欢了。"查尔索不以为然地说，"现在她是头儿了，得听她的！"

"好了，傻小子们，"多莉忙催促他们，"你们等什么呢？还不快点！"

说着，她转身就沿着走廊往外走，这群迷茫的男人一个个地跟在她后面，最胖的那个家伙断后。将就着穿过一个窄门后，他突然想起了什么，冲着前面喊道：

"嘿，多莉！如果你真想保释我们，那你扔炸弹干什么？"

"没有啊，"多莉回答，"也不动动脑子，我要保释你们，还扔炸弹干什么？"

"那肯定是别人干的了！"波基说。

房间里，导火线渐渐地燃尽了。轰！一声巨响，炸弹引爆了！

好了，言归正传，我们还是来说说这本《特别要命的数学》吧！

特别要命的数学？

没错！你刚刚读过一本叫做《要命的数学》的书吧，这本，就是它的姊妹篇。哦，是不是说，这本书比那本更"要命"，或者说是它的升级版？

谁知道！

管它呢！

不过，我还是建议你先读一读《要命的数学》，否则的话，你把这本书里精彩的故事都享受够了，说不定会觉得前一本不够刺激呢！没准儿！

说老实话，你读不读第一本都没有关系，关键是你最终会明白，数学其实并不像你以前想象的那样枯燥无味，其实，它真的蛮有意思的。

试着读一读，你会被里面睿智的游戏所吸引，它还会向你透露能让你流芳百世的秘诀，教给你怎样预测未来，怎样玩转发生在你身边的事情……

有趣的方格

这天，你买了一个比萨饼，正蹦蹦跳跳地往家走，这时……

"啊哈！"突然，蹿出一个怪异的声音，"你好！"

你被什么东西钩住了，正吊在30米的高空晃来晃去，你无动于衷地抬了抬眼皮（不得了，你的眉毛离地面居然有30.007米高了）。你长长地叹了口气，真无聊！

是你的几何老师芬迪施教授开着起重机，把你用钩子吊了起来。

"跟我走，"他诡秘地说，"这次我有一个你永远都无法解开的难题！哈哈哈！"

不一会儿，你就被放到了地板上。那屋子里有一张象棋的棋盘，还有一盒多米诺骨牌。

"这个盒子里有32张骨牌，"教授告诉你说，"这张象棋棋盘每行每列都有8个格子，总共64个。"

这还用说？你早就知道了。

"每张骨牌正好能盖住两个格子。"教授接着解释，"现在，我想让你做的是，你能否把32张骨牌全部放到棋盘上，而且要盖住每一个格子？"

太简单了，就在他转身的一瞬间，你就把这个问题解决了。简直是小菜一碟！

"行了吧？"你无奈地说，"现在该让我走了吧？我的比萨饼要凉了。"

"没那么容易！"教授苦笑了一下，"如果我挖掉两个格子，再拿走一张骨牌……"

教授操起刻刀，从棋盘的两个对角分别挖掉了两个白颜色的格子。

"现在还剩62个格子，31张骨牌。"教授用挑衅的眼光望了你一眼，"你还能把所有的格子都盖住吗？"

这可有点难度了，你能吗？

不同类型的骨牌

别去管骨牌上的点数，只考虑它们的形状，你很容易就会想到，每张骨牌都是由两个小正方形组成的，对吗？

8

我们待会儿再来说骨牌吧。现在，让我们先想点别的。

假如你只有一个正方形，它就不可能叫骨牌了，对吗？我们暂且把它叫做单牌。

2个正方形合起来就叫做骨牌。

那么，3个正方形呢？你可以叫它三骨牌。这 时，有意思的事儿就开始了。3个正方形可以组成

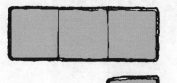

2个不同类型的三骨牌，一种是把3个正方形并列，排成一条直线形的，另一种是直角三角形的，也就是说，出现了拐角。

有4个正方形时，就是四骨牌了。你会有5种不同的排法，下面就请我们的大数学家——老魔怪瑞弗把它们画出来吧！

5分钟后
回来！

哦，天哪！这个瑞弗恰好出去吃三明治了，你可以把剩下的2种画出来吗？

最有意思的恐怕就是由5个正方形组成的五骨牌了。

五骨牌共有12种不同的排列方法，而这12种形式正好可以拼成一个6×10的长方形。还不算难吧？

用五骨牌还可以玩很多游戏，如果你有兴趣，不妨试一试，不过得先准备一套牌。最好而且最廉价的方法就是照着这页纸把图形画下来，然后，再把它们剪下来（有可能的话，你还可以

放大一些）。如果你再涂点儿颜色，可能会更好玩（你还可以在玩具店买到用木头做的牌或者干脆在计算机上玩也可以）。

现在，你已经拥有12种五骨牌了，下面就可以用这些牌完成以下几项富有挑战性的工作：

1. 把12种五骨牌打散，然后重新拼回原来的6×10的长方形。你相信吗？一共有2339种不同的拼法呢！要是你能找到4种或5种，就相当不错了。千万别泄气！

2. 把这些牌排成5×12的长方形，总共有1010种方法，但的确很难。

3. 排成4×15的长方形，有368种方法，更难。

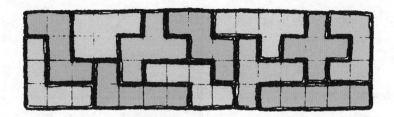

4. 把它们组合成3×20的长方形，仅有2种排列方法，右面是其中的一种。你能把另一种也找出来吗（和这种完全一样的不算）？

5. 任意拿出一种形状的五骨牌，你可以用另外的9种拼成一个更大的和你刚刚拿出来的那张形状一样的五骨牌吗？

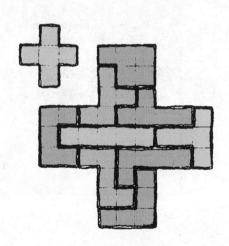

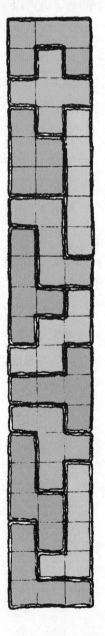

6. 最后，还有一种玩法，可供你和你的朋友一起消遣。你需要准备一套五骨牌，还有一块有64个格子的正方形图板（比如象棋棋盘）。

▶ 第一个人先在板上放一块五骨牌，位置任意。

▶ 第二个人也在板上放一块牌，但不能和第一个人的牌重叠。

▶ 两人轮流放牌，直到有一个人走不下去了为止。

▶ 成功放上最后一块五骨牌的人取胜。

13

规则：

你不能把牌翻过来用（比如说，牌本来是图中左边那样的，你不能把它对称地翻成右边那样的）。

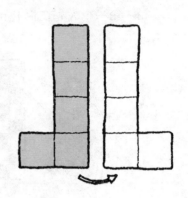

其实，这本书仅仅是为了好玩，所以尽管有点儿不太守规矩，你还是可以充分发挥你的机智，要点儿赖什么的。那样，你会玩得更有情趣，别有一番滋味！

关于五骨牌，好像说得太多了。我们来说点别的。

六骨牌是用6个正方形组成的，可以有35种不同的形状，下面只是其中的几个例子。

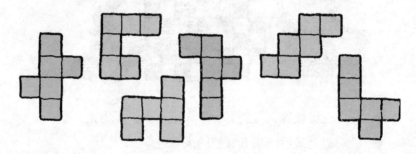

七骨牌当然是用7个正方形组成的啦，有108种不同的形状，就像下面这些。

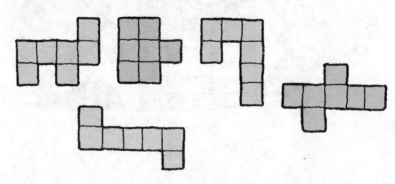

有一种七骨牌很特殊，我们把它叫做"避风港"七骨牌。

你能看出它有什么特别的吗？说对了！数学家做模型的时候，无法把中间的那个洞填满，所以只好把中间空出来了，就像避风的港湾一样！

数学家们都很聪明，对吗？给他们一个像爱德守恒定理这样的等式：

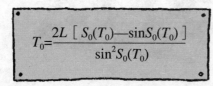

$$T_0 = \frac{2L\left[S_0(T_0) - \sin S_0(T_0)\right]}{\sin^2 S_0(T_0)}$$

啊！

他们会像雪花一样神采奕奕。可如果你给他们画一个用7个正方形围成的"避风港"时，他们却恨不得赶紧溜掉。

15

啊！赶快拿走！妈呀！

现在，你的比萨饼可能已经硬得像石头了，我们还是老老实实地回到教授那儿去解那道难题吧！

这道题没有解法，可他非要你说出理由来他才肯放你走。答案其实很简单。

当你把骨牌放在棋盘上的时候，每块骨牌盖住的都是相邻的两个正方形，也就是说，必须是一块黑一块白。

教授把两块白的挖掉之后，这块板就剩下30块白的和32块黑的正方形了。

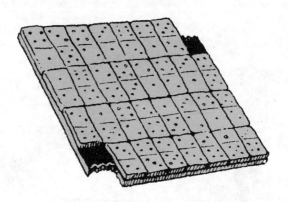

当你把30块骨牌放在棋盘上，你盖住的是30块白的和30块黑的。没有盖住的那两块都是黑的。无论你怎么放骨牌，无论这两块没被盖住的正方形在哪个位置，它们肯定是黑的。

　　显然，你是无法用一块骨牌把两个黑的正方形同时盖住的（你不能把骨牌从中间折断），所以，这道题无解。

水池问题

在弗克斯家的花园里，杜彻斯夫人正在视察她家的水池。

"哎，克洛克，你来得正好！"她对走过来的管家说，"我想为我的宝贝金鱼安个新家，麻烦你把水池清理一下。"

"您打算怎么收拾呢？"克洛克问。

"我想在路边安一些围栏，"杜彻斯夫人说，"我不想让赫伯特的门球滚下去吓着我的宝贝儿们。来，咱们量量它有多长。"

于是，克洛克手持卷尺，站在水池的一边，杜彻斯夫人则绕到另一边。

"好了，"杜彻斯夫人看了看手中的卷尺，说，"是12米。你去买12米的护栏来。"

在五金商店，老板正忙着打包。

"就要这些了，伙计？12米护栏？"

"这可说不准，"克洛克耸了耸肩说，"就先要这些吧！"

克洛克回到花园，安上了护栏。

"太好了！"杜彻斯夫人好像还不满意，"哎，我说，水池下面的泥是不是也该清理一下了？我的宝贝金鱼可能更喜欢瓷砖，听见了吗？克洛克。"

在五金商店……

"您怎么又来了？"老板好奇地问。

"她还想要地砖。"克洛克无可奈何地叹了口气。

"要买多少？"老板问他。

"这我可不知道。反正水池有12米长，你算吧！"

"光知道长还不行，我还得知道有多宽。"老板喊道。

"买护栏的时候你为什么没问我？"克洛克说。

"护栏是直线的，你知道吗？也就是说只用长度这一维度算就可以了，但地砖是面积，我需要长和宽两个维度才能把它算出来。"

"长和宽？两个维度？"

"算你幸运，伙计，你的水池是长方形的。如果是不规则的形状，需要的数据会更多，岂止这两个？"

克洛克可没觉得自己有多幸运，不得已，他还得回趟家。

"买地砖还要知道长和宽？"杜彻斯夫人问。

"您说得没错，太太。"克洛克说。

于是，他们又量了一次。

又回到五金商店……

"你说你的水池是12米长，5米宽？"老板问。

"对的。"

"好，12乘5得60，你家的水池是60平方米。"老板边算边说。

"平方米？"克洛克被弄糊涂了，"平方米是什么？"

"是面积单位，"老板解释说，"1平方米就是1米长和1米宽围成的面积。"

"我怎么没听说过？"克洛克嘟哝道。

"1平方米要用4块地砖，所以你总共需要240块。"老板马上算出了结果。

"看来我得找辆马车才能把这些玩意儿运回家去。"克洛克看着老板把一箱箱地砖摞在他面前。

最后，水池底下铺满了地砖。

"可以了吗？太太！"克洛克问。

"当然不行！"杜彻斯夫人若有所思地说，"我的宝贝金鱼还需要换一些新鲜的水。"

"好，我马上去拿水管子。"克洛克马上应承着。

"不，不用。"杜彻斯夫人说，"我可不想让我的宝贝金鱼在普通的自来水里面游泳，你去买一些优质的水来。"

来到五金商店，老板连头都没抬一下。

"优质池水？"他问，"我们当然有。不过，我得提醒你，这水可不便宜啊！你打算要多少？"

"这我可说不好。反正我的水池是12米长，5米宽，你算算就知道了！"

"恐怕还是不行，我还不知道它有多深呢！"老板喊道。

"买地砖的时候你为什么不一起问呢？"克洛克不满地反问。

"因为计算地砖的数量只用面积就可以了，"老板也不服气地高声喊，"现在你又说要用水池装水，那是体积，我得知道长、宽、高3个数才能算得出来呀，老伙计！"

"嘿，我只知道那水池哪儿都一样深，"克洛克实在不想再跑一次了，索性告诉他，"没有哪儿特别低，也没有哪儿特别高。"

"我不是问你这个，我是问水池到底有几米深！"

"你就不能让我省点力气吗？"克洛克嘴里嘟哝着。没办法，又白跑了一趟！

克洛克走后，老板赶快跑到后院，开始用水管往瓶子里灌自来水。然后，在瓶子的标签上扬扬得意地写上"优质池水"几个大字。

"货真价实的优质池水！"老板奸笑道，"下回我再卖给她'妇女专用型空气'。"

回到家里以后，杜彻斯夫人又被弄糊涂了。

"就是说买水还需要知道长宽高3个数？"杜彻斯夫人问。

"好像是，夫人。"克洛克含含糊糊地说。

杜彻斯夫人找来一根绳子，一头系上石头，把它沉到水池下面去。

"怎么这么麻烦呢？"她不解地说，"好了，是1.5米。"

克洛克第五次迈进五金商店的门槛，他的脚都快疼死了。

"12乘5，再乘1.5，"老板说，"总共是90立方米。"

　　"立方米又是什么？"克洛克刚一开口就马上后悔起来，我怎么又问了这么愚蠢的问题？

　　"立方米是体积的单位，"老板耐心地给他解释着，"1立方米就是一个1米长、1米宽、1米高的盒子所占的空间大小。"

　　"哦，你真是太聪明了。"克洛克说，"看来，我不仅是脚有问题，脑子似乎也有问题喽！"

　　"那倒不至于，"老板接着说，"1立方米就是1000升，如果你的水池是90立方米，那就是90 000升。"

　　"什么？怎么又跑出来一个什么升？"克洛克这下真的要糊涂了。

　　"就是每个瓶子的装水量，一瓶装一升。"老板笑嘻嘻地说，"现在你就把它们全都运回家吗？"

　　"我想大概是这样吧。"克洛克还是没弄明白。

　　"哦，天哪！也就是说你一个人要拿90 000瓶？"

　　"你说什么？"克洛克更糊涂了。

　　"1000升水就有1吨重，你一个人拿90吨水，看你胳膊不被压折了才怪呢！"

往往返返跑了无数个来回，最后一瓶水总算被搬走了。

"快看，小宝贝！"杜彻斯夫人唠唠叨叨对那条笨乎乎的小金鱼说，"看看妈咪给你准备了什么？"

那金鱼只是斜看了一眼水池，动都没动。

杜彻斯夫人傻笑了一下，说："它是不是很可爱？"

金鱼吐了几个气泡，游走了。克洛克使劲地瞪了她一眼，心里寻思着，可别再惹出什么麻烦才好。

"难道它不喜欢这个水池？"杜彻斯夫人自作多情地问，"难道它宁愿待在它的小鱼缸里？那好吧，克洛克，待会儿把水池填上，我们可以在上面盖一个避暑的小屋。"

长度、面积、体积——这些都是干吗的？为什么有时候需要测量的数据就多一些呢？我们来看看下面这条路。

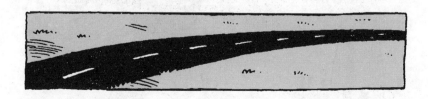

假如你沿着这条路跑步，要知道你能跑多远，我们需要用到哪些数据呢？

▶ 这条路多长？ （用，300米）
▶ 这条路多宽？ （不用）
▶ 这条路多深？ （不用）

这个答案仅仅需要一个数——长度，比如说300米。

假如你不得不把整条路都刷上沥青，你需要刷多少？这时，你需要用到哪些数据？

▶ 这条路多长？ （用，300米）
▶ 这条路多宽？ （用，4米）
▶ 这条路多深？ （不用）

这个答案需要两个数（一般来说是乘起来）——计算面积，这种情况下应该这样算：

$$300 \times 4 = 1200（平方米）$$

假如你还得把这条路往深挖，你要挖多少？这时，你需要用到哪些数据？

▶ 这条路多长？（用，300米）

▶ 这条路多宽？（用，4米）

▶ 这条路要挖多深？（用，我们最好量一下）

你只要挖2米深就够了！

这个答案需要3个数（一般来说是连乘起来）——计算体积，这种情况应该这样算：

$300 \times 4 \times 2$，总共是2400立方米。

不过，我们还从未用到过超过3个方向的测量，因为我们生活在三维世界里。

郑重警告：在继续往下读之前，我建议先在你的头上绑一个防烟警报器。如果它响了，就说明你的脑袋"开锅"了。

好，现在让我们开始吧！大家一起进入对未知世界的探索……

维数的问题，或者说是在你看这本书的时候谁能把你看个通透的问题

为了解释清楚三维（3D）的问题，让我们欢迎滑稽的泰特兄弟闪亮登场。

首先，我们来说说一维世界是什么样子的。

这些家伙的滑稽表演就发生在一维世界里，也就是一条绳子上，无论你怎么动，充其量也就只能沿着这条线挪来挪去。

27

下面我们来准确地告诉你，一维世界就是：

————————————————

就一条直线，是吗？再没有别的了？哦，对了，如果你想在一维世界里画一个一维的人，就要准备一根削得非常非常细的铅笔，在线上用很密的点点画个小卡通人物。要是你画的人想动一动，那就只好沿着这条线走，既不能走到这条线的外面，更不能跳出这页纸或这本书了。

对不起，感觉怪怪的，是吗？先说到这儿，我们继续往下看。二维世界里的生活就要轻松很多了……

在二维世界里，你会感觉舒服一点，你有一个平面可以自由移动，但你却不可能漂起来或者沉下去。注意，这个平面可不一定总是水平的，它有可能以某种角度倾斜……

尽管他们兄弟3个都拼命地抓在上面，其实也不必过于担心，因为无论角度有多大，他们都不会从那个平面摔出去的，让他们多撑会儿，待会儿我们会更仔细地研究二维世界的。接下来，我们来看看他们兄弟3个在三维世界里的精彩表演吧！

在三维世界里，你不用死死地粘在那个平面上了，你自由了，想上天就上天，想入地就入地！

对于三维世界，我们实在是再习惯不过了，很难再想出什么花样来，不用多说了吧？我们还是回过头去研究研究二维世界。

二维世界的生活

二维世界的主要特点就是到处都是平面的。你知道你在二维世界里会变得多薄吗？猜猜看：

▶ 正好1米
▶ 1微米
▶ 一根头发的厚度
▶ 比它们都要薄

如果你想知道答案，那么请作好准备，充分发挥你丰富的想象力。

假如你是一个二维的人，你身边有张纸，你是不可能看到这张纸的边缘的，因为你太薄了。

这是因为，纸是三维的，只是其中的一维（厚度）相对来说很小，而且因为纸是三维的，你才可以把一张纸摞到另一张纸的上面。是不是有点头昏脑涨了？告诉你，在二维世界里，这却根本无法做到，即使是像蛙跳这样简单的游戏也没法进行。

　　那为什么二维的东西不能互相重叠呢？很好，我们身边就有一个二维世界的绝好例子来帮你理解，那就是影子。你可以试一试：

　　1. 在强光的照射下，把你的手伸出来，调整一下位置，使你能看到自己手的影子。

　　2. 把一只手放到另一只手上面，影子重叠了。你能判断出哪只手的影子在上，哪只手的影子在下吗？

　　当然不能！因为没有哪只手的影子是在上面的，它们都重叠在同一个平面里。无论你是把自己的影子照在地上，还是墙上或天花板上都没有关系，哪种情况下，你的影子都只是二维的。

31

不同维度世界里的视野

　　如果你生活在一维的世界里，那么你只是一个点，你能看见什么呢？拿一张纸牌，在上面扎个针眼，透过这个洞你看一看（但不要靠得太近了）。你所能看到的只是一个小点，这就是你在一维世界里所能看到的情景。如果没有人在那儿，这个小点就是空的，什么也没有。

如果还有别的人和你一样生活在一维世界里，那么他看起来也是另外一个点，而且他就在你的正前方，因为总共只有一条线，他也无处可逃。

假如在一维世界里有一群人，他们看起来像……

你不可能透过离你最近的那个人看到别的东西，所以你看到的只是这个人。这就是为什么在一维世界不会有人去看电影的原因，因为只要你前面坐了人，他就会完完全全地挡住你的视线。

喜欢时髦的人可能会喜欢生活在一维世界，因为无论你是胖还是瘦，看起来都是一样的。

对其他生活在一维世界的人来说，你看起来也不过如此：

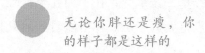

好了，越扯越远了，我们还是接着说吧。

如果你生活在二维世界里，你的视线会变成什么样呢？为了帮你获得一个二维世界的大致概念，你可以在纸牌上割一条缝，透过这条缝，你所看到的世界就是窄窄的一条。将就点儿吧，它总比针眼大多了！你通过卡片上的缝也可以看到一维世界，但这远比在真实的一维世界看到的要多得多，因为至少你可以一下子看到一群人，而且你还能区分出谁胖谁瘦。

下面我们看几个生活在二维世界的人：

彼得、杰克和汤姆在二维世界里都能互相看见对方，他们可以向左看，也能向右看，就是没人能看见安妮，因为她已经被框在自己的小房子里了，那4条线就好比是4堵墙，使别人看不到她。

这样是不是更直观了？不过还有一件重要的事，因为我们生活在三维世界，所以可以很轻易地看见二维世界的这4个人，即使安妮躲在房子里也无济于事！我们既可以看见房子的外面，也可以看见房子的里面。

33

放松一下，我们还是回到三维世界里吧。

还有什么可说的吗？我们就生活在三维世界里，还有什么好啰唆的！

请你记住：

▶ 一个二维世界的人能看见一维世界全部的东西。

▶ 一个三维世界的人能看见二维世界全部的东西。

▶ 一个四维世界的人能看见三维世界全部的东西。

四维世界的人

哦！四维世界的人会是什么样子的呢？

也许你会说根本就没什么四维世界，可为什么呢？

生活在二维世界的人无法想象或认识三维世界的人（记住，二维世界的人只有很窄的一线视野，所有的东西也都是薄薄的），所以二维世界的人甚至都不会知道有像我们这样的三维世界的人存在。

由此，我们可以这样推论：三维世界的人也很有可能无法想象四维世界的存在。但据我们所知，至少有几百万个四维人存在！

人们已经在努力地证明四维人的存在了，有些人说那就是时间。这听起来好像风马牛不相及，但这只能说明你以前太习惯于用三个维度去思考，以至于无从想象四维世界的样子。不过，有一点很值得注意，时间确实是一种奇怪的维度，因为它不能像长宽高一样用尺子来测量，那用什么来测量呢？除非你发明了一种有四个维度的尺子……

耐心点，老兄！我们马上就说完了。只需要再多想一点点就够了，接下来还有更新奇、更搞笑的内容呢，别走开！

正如我们以前所说的，下面的内容肯定会令你毛骨悚然。如果真的有四维世界的人存在，那么他们肯定能马上看见我们，就像我们能把安妮里里外外看个明白一样，他们能看见我们的房子，我们的厨房，还有我们穿的衣服。你是不是已经想到了，就在此刻，就是你正在看这本书的时候，有几百万个四维人在盯着你看！他们甚至能看见你的内脏，你所有的东西！

不过，还有一点小小的安慰，那就是，如果真有四维人，那么肯定还有五维人，也能把他们看个通通透透，还有六维人，把五维人看得一览无余……

维数的组合

还有一件好玩的事，就是把各种维数组合起来，其乐无穷，特别是你在二维世界里展示三维世界的东西。换句话说，就是让平面上的东西看起来像立体的。

仔细观察下面这些图，看第一眼，好像没什么毛病，应该都存在于三维世界里，你再好好看一看……

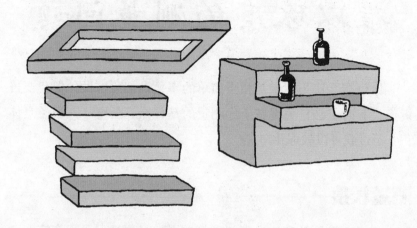

艾萨是画这种画的最著名的艺术家之一，下面就是他最有名的楼梯图！你来试着走一走，看看会遇到什么问题？

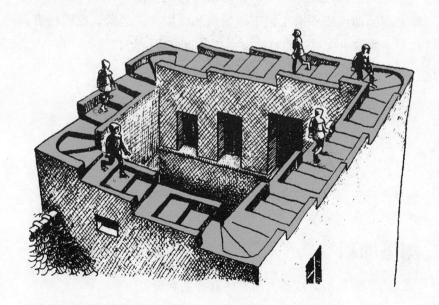

难以琢磨的测量问题

你可能会认为测量是相当简单的事，谁都可以做，但我要告诉你，有时未必！关键在于你测量的是什么，长度、面积还是体积？不过我可以教你几招。

测量长度

如果测量的是直线，那就太简单了，只要把尺子靠在它旁边就可以了（你是不是很高兴买了这本书，要不你还不知道呢）。

如果是曲线就比较难了。比较可行的方法是，用一根线沿着你要测的曲线绕一遍，记下起始点和结束点。之后，把线抻直，用尺子测量出这根线的长度就是这条曲线的长度了。

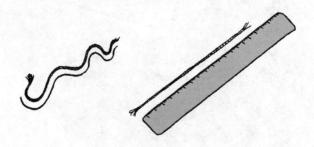

测量面积

有些面积很好测量，而有些就特别麻烦。

要算出面积，你首先要测出一些数据，然后用公式把它们计算出来。一听说公式是不是就很头痛？实际上，大部分公式并不难，而且简单易懂，又有实用价值。

公式——偷懒的好办法

公式最大的优点是不用知道为什么，直接引用就可以了，你只需要知道几个字母的意思然后把数代进去。让我们回到杜彻斯夫人家的花园，看看那个水池的底面。这个长方形意味着：

1. 所有的角都是直角。

2. 两条长的边相等。

3. 两条短的边相等。

这样的面积就很好算，但在计算之前，我们先把长边设为a，把短边设为b。

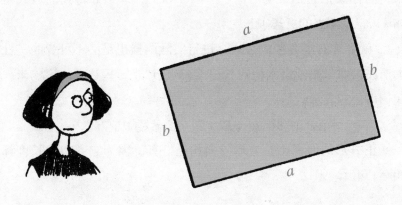

39

其实你也可以给这些边任意取名，比如说咪咪和喵喵，但因为那样写起来太烦琐了，为了简单起见，我们暂且把它们设为"a"和"b"就可以了。

如果我们不用公式，就得这样描述：长方形的面积等于长边的长度乘短边的长度。

太麻烦了，是不是？这就是我们用公式的原因，我们用"a"来代替"长边的长度"，用"b"来代替"短边的长度"，原来的句子就变成了：

长方形的面积等于"a"乘"b"。

我们还可以更简单些，用数学符号来表示：

长方形的面积=$a \times b$

还有更偷懒的办法呢！因为我们常常用到"乘"，有时甚至连乘号都懒得写，干脆把两个字母直接写在一起：

长方形的面积=ab

（你设定字母时可要小心了，如果有一个公式是3个元素相乘，而你又把它们设为"b""u""m"，那么你得到的公式是bum，就是懒鬼的意思啦！）

就算你有了方便的公式，进行实际测量也是必不可少的。杜彻斯夫人测量出她家水池的长边（a）是12米，短边（b）是5米，我们用公式表示就是：

水池的面积= ab =12×5（答案是60平方米）

正方形的面积比长方形的面积还好算，因为它各边的长度都相等。请看下图：

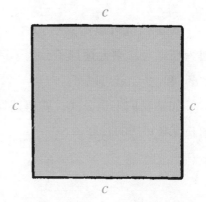

因为各边的长度相等，我们用一个字母来表示就可以了。这次我们用"c"来表示，你同意吗？

你可以用这样的公式来表示：

正方形的面积=$c \times c$，甚至可以写成"cc"。

不过还有一种表达方式，如果一个数是和它自己相乘，你只要在它的右上角写一个2就可以了，我们称这种方式为"平方"。

$$正方形的面积=c^2$$

你只需要测出一条边的长度就可以了，我们假设它为7米，这个正方形的面积就是：

$$正方形的面积=c \times c=7 \times 7=49（平方米）$$

现在你已经掌握了一些公式，让我们趁热打铁，再多学几种有用的公式……

三角形的面积公式是：

$$bh/2（意思是 b \times h \div 2）$$

在公式中，"$/$"的意思一般是"除以"。当然你需要知道"b""h"分别代表什么意思，让我们看看下面这张图：

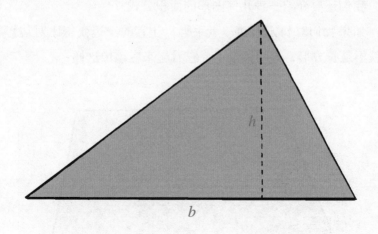

"b"是三角形底边的长度，而"h"是从底边对应的那个顶点向底边作的垂线的长度。如果你测出底边长是9厘米，高度是8厘米，那么三角形的面积就是：

$$9 \times 8 \div 2 = 36（平方厘米）$$

还有一点，你选择哪条边作为底边对三角形的面积并无影响（只是把三角形转了个角度而已）。

你可以试着转一转，测出b和h，得到的面积肯定是一样的！比如说你新测得的底边长是6厘米，高是12厘米，根据公式，三角形的面积是：

$$6 \times 12 \div 2 = 36（平方厘米）$$

公式确实是个好东西，这下你承认了吧？

我们还要介绍一种几何图形的面积公式。

如果我们对长方形动一点手脚，让它的一边变得比对边短，那就不是长方形，该叫梯形了。它看起来应该像这样：

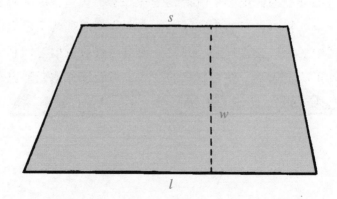

首先，你得测量出长边的长度（l），然后是短边（s）和高（w），梯形的面积公式是：

$$\frac{(l+s)w}{2}$$

你也可以写成：
$(l+s) \times w \div 2$

这些括号让公式看起来特别复杂，实际上括号的意思就是你只要看见它们，你就得先算它里面的式子，然后再计算别的。

假如我们已经量过了l=10厘米，s=6厘米，w=5厘米，我们把数代到公式里：

$$\frac{(10+6) \times 5}{2}$$

先算括号里的，（10+6）=16，公式就变成了：

$$\frac{16 \times 5}{2}$$ 答案是40平方厘米！

可能你在侦探电影中听说过一些秘密公式，肯定认为它们都是极复杂、极难计算的。实际上，只要你知道那些字母都代表什么，任何秘密的公式都是小儿科，你自己就可以把它们算出来！以后你可能会遇到一些特别难的公式，可能连你的老师也不知道它们是什么意思。你怎么对付？

好了，我们还接着说面积。大多数含有直边的图形的面积，像三角形和长方形，都是很好计算的，即使是下面这种也不难：

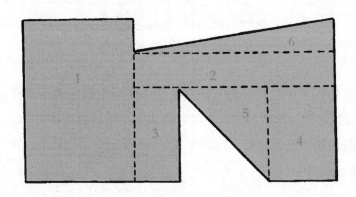

你可以看到，你所需要做的只是把它分解成若干个三角形和长方形，然后计算出各部分的面积，最后加在一起就是这个奇形怪状的图形的面积了。

如果是曲线型的，那面积就不太好算了。不过给你一个圆，你还是可以用公式把它的面积求出来。这个公式里面有一个"派"，但它的味道可没有苹果派那么好吃，它用"π"表示。

哦？是 π 吗？它有什么用？

现在没时间告诉你，在"奇怪的数字"那一章，我们会解释的，你可以到那里去翻翻看。

如果你讨厌用尺子量来量去，用公式代来代去的，那么你肯定会很乐于接受下面这种方法，就是最复杂的形状的面积也能算出来。你所需要做的只是在你的图形上画方格子（你想画得多丑就可以多丑）。然后，数出图形里面方格子的总数。有些方格子里面可能没全占满，我们的规则是只要超过一半就算是一个格子。

　　如果你真的想精确地算出来，你可以用1毫米×1毫米的方格子代替1厘米×1厘米的方格子，只是你数的时候就得特别耐心啦。

　　你闻到一股味儿了吗？一种烤焦了的气味？可能是谁数格子数得太认真了，也可能是我的想象力太丰富了而已，也许不是。谁知道呢，甭管它，让我们接着往下看吧……

测量体积

　　测量体积可不是件简单的事，除非你测量的是标准的长方体——就是说8个角都是直角的像你的书一样的盒子状的东西。这时你只需要测量出长度（l）、高度（d）和宽度（w）就可以了。和杜彻斯夫人买水池的水的计算方法一样。如果你想用公式，那公式就是：

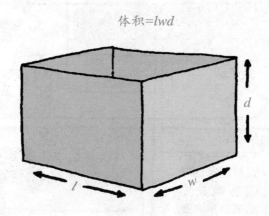

体积=lwd

　　除了长方体之外，别的体积都不好计算，包括球体、圆柱体（比如说你要测一个球或一个饮料瓶的体积）的体积计算也必须要用到一些奇怪的东西如"π"。如果你要测一个完全没有规则的东西，如你的脚的体积该怎么办呢？你可能要花几年的时间，也不一定能得出精确的数值。

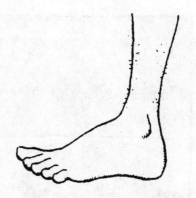

不过令人欣慰的是还有一种更妙的方法，告诉你的条件是，多花点时间好好阅读这本书。

如何测量你脚的体积

你需要准备：

▶ 一个大碗或一个盆

▶ 你的一只脚

▶ 一个有刻度的罐子

▶ 一个大托盘

▶ 一些善解人意的朋友

把碗或盆放在托盘上面，倒入水至不能再倒为止。

脱掉你的鞋和袜子。

慢慢地把脚放进去，有些水会溢出来流到托盘里，这些水非常重要，你一定要保证它们全部流到托盘里，而不是溢到地上。

你在干什么？

破解数学难题！

哦，我们明白了！

你看起来好像并不傻啊！

真实诚！

把所有溢在托盘上的水倒入有刻度的罐子里。

48

水的体积是多少，你的脚的体积就是多少（当然你的脚是多少立方厘米，而不是多少升）。

这种方法要比测量成千上万个数据，还有大量枯燥的公式要简单多了。

医生，我朋友的脑子是不是有点问题？

臭！

你是不是又闻到了一股熟悉的味道，哦！——是芬迪施教授——他已经看过这本书了，还发表了一些评论……

亲爱的读者：

嘿嘿！聪明的家伙们，我是芬迪施！你是不是认为你把所有测量的知识都学得很好了？那好，如果你真的以为自己很聪明，就试试这道题。

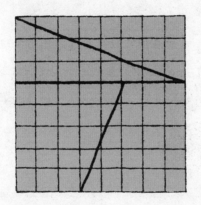

你能看出这个正方形每边都有8个方格子，如果你数一下，就会发现总共是64个方格子。

接下页

现在，沿着那几条黑线把图形剪开，重新组合成下面的图形。

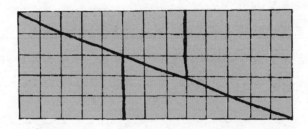

做完了吗？现在你可以发现这个图形一边有13个方格子，另一边有5个方格子。算一算（如果你不会算，就数一数）。无论用哪种方法，都是65个方格子。好了，聪明的家伙，那一个是怎么多出来的？哈哈哈！

芬迪施

哦，天哪！是不是我们这一章所讲的测量知识有什么问题？先别急着下结论，你最好拿一些方格纸把第一个图形复制下来，小心剪开，看看你是不是能不留任何空隙就拼成第二幅图形。

诊所里的故事

波基在医院里接受朋友们的探视。

"只有你这么好心才救了我们的命。"威赛尔说。

"说的也是，要不是你跟一面屏风似的挡住了炸弹，我们说不定早被炸飞了。"这话的确不假，真得感谢波基魁梧的身躯。

波基以前从来没当过英雄，虽然他的屁股被炸得隐隐作痛，他还是感觉好极了。

一串重重的高跟鞋的嗒嗒声由远而近，在门口止住了。

"好了，傻瓜们，"多莉刚一进门就说，"我们该开始工作了。"

"你说谁呢？"布雷德质问她。

"说你们欠下的1000万美元，"多莉顺便提醒他，"还有利息。"

"我对利息可一窍不通。"布雷德说。

所有的人都笑了，大家都知道，布雷德对数学真的是一窍不通。

"噢，对了，"吉米说，"有人想用1000万来保释我们，那是他愿意。"

"拜托你们开开窍，笨蛋！"多莉真的火了，"你们如果整天待在这儿，还不赶快行动，他会把你们再送回到监狱里面去的。你们的老窝都被炸了，现在唯一能藏身的地方恐怕就只有格林州了。听说过这个地方吗？"

的确是这样。在这种地方他们极易被认出来，因为政府的警员无处不在，警犬的鼻子又长又灵，跑得特快，牙齿也很锋利，都是非洲出色的猎犬（政府当局禁止用"鳄鱼"这个词）。

"每顿都吃剩饭剩菜！"波基发起牢骚来，"一天三顿都是土豆，整整19年都没变过花样！"

"一共吃了多少顿？"多莉打趣地问他。

"我怎么知道？"波基说。

"连这么简单的数学题都不会，"多莉瞥了他一眼，说，"3乘365再乘19不就行了嘛！"

"20 805。"瘦高个儿一下子就算出了得数。

"娘娘腔，"布雷德不屑一顾地说，"算它有什么用！"

"1000万美元的利息是每周15%，"多莉警告他们，"如果你们一天不出手，就多背一天的债务，而且越滚越多。"

"每天？"布雷德才不相信呢！"一天能多出多少？"

"如果你想知道，就算算看呀！"多莉已不想多说什么了。

她重重地叹了一口气，打开手袋，对着镜子补了补口红。那群暴徒把头凑到了一起开始晕头转向地算了起来。

多莉实在无法忍受了。

"都滚开吧，大笨蛋！"她呵斥道。

"到底是多少啊？"波基问道。

"把画板递给我。"

大个子在床上稍稍翻了一下身，把绑着屁股的绷带露了出来——正好当画板！

"听着，"多莉说，"每周15%的利息就是说如果你欠了100美元，一周之后你要多还15块钱，也就是总共要还115美元。"

"不就这点儿吗？"布雷德不以为然地说，"每周才多出15美元？"

多莉用她的口红在绷带上写了几个数。"真是笨到家了！那是100美元，你们现在欠的可是1000万美元，是多少个100呀！"

"10万个。"瘦高个儿脱口而出。

"每一个100我们都要付15美元，是吗？"威赛尔问。

"没错，"多莉回答，"所以每周要付……"

"150万美元的利息。"瘦高个儿的确厉害。

"看来，你说的没错。"布雷德终于认输了，"我们明天就开始工作。"

"你敢说你等得起吗？"多莉不依不饶，"每天就有20多万美元的利息，等到明天你就又损失1/4个百万富翁了。"

"那就从今天开始，"查尔索开口了，"我对数学懂得不多，但我知道如果我们还不赶快动手的话，我们会破产的。"

"好，"多莉果断地命令，"到货车站集合，一小时后我在信号房等你们。"

速 度

下面有几个关于速度的描述：

▶ 最快的短跑运动员每秒钟能跑10米（10米/秒）。

▶ 光的速度是每秒300 000千米（300 000千米/秒）。

▶ 陆地上跑得最快的动物是猎豹，每小时能跑大约100千米（100千米/小时）。

▶ 一只蜗牛的爬行速度是每小时50米（50米/小时）。

55

▶ 由于大陆漂移，纽约在以每年20毫米的速度远离伦敦（难怪飞机票每年都在涨）。

如果它们进行比赛，谁能赢？

这可怎么比啊？真伤脑筋！每秒几千米一定比每小时几米快吗？每年几毫米就一定比每秒几米慢吗？也就是说，哪种速度才是最快的？

刚从太空舰中发回的消息！从萨克星球出发的邪恶的哥拉斯已经启程，它们的战舰正向我们飞来。

它们准备撞毁地球，一场大的灾难就要降临了。

在等待厄运降临之前，你可以放松一下，好好读一读这本《特别要命的数学》……

速度是很简单的概念，唯一需要你知道的就是：

速度等于距离除以通过这段距离所花的时间。

在上一章，我们介绍了有关公式的一些诀窍，如果想偷点懒的话，我们可以简写成：

$$速度=\frac{距离}{时间}，或者是 S=\frac{D}{T}$$

当你听到"10千米每小时"这样的表述时，它表示的就是如果你想走10千米，那么就需要1个小时的时间。

好了，我们再看看稍微难一点的东西吧……

"每"是什么意思?

就是漂亮，别人都这么夸我。

不是"美"，我们说的是"每"。

"每"是一个很有意思的小词，我们每个人说到速度的时候都要用到它，但几乎没有人知道它的确切含义。不信，你可以试一试，问问身边的人"每"是什么意思？他们肯定会说不出个所以然的。

这个词本身并没有什么含义。如果你站在一辆拥挤的公共汽车里大喊一声"橘子"，人们可能会觉得你有点怪，但至少他们知道橘子是什么东西。可如果你在公共汽车上喊几声"每"，大概就不会有人去猜你说的是什么意思，而是在想，下一站是不是应该下车了？

橘子!

每! 救命! 我要下车! 车上有个疯子!

如果你查一查字典，"每"的意思是"每一个"，所以如果你每小时运动30千米就是说你在每一个小时内走的距离是30千米。另一种理解"每"的方式是把它当做"除以"看，你可以用"/"来缩写，这条斜线就代表着"除以"。

现在你说你以每2小时28千米的速度滑冰，乍听起来好像有点怪，可实际上你并没有错。只是你已经习惯于"每"一小时多少千米。其实你只需要记住速度是距离除以时间就可以了。如果你说"每2小时28千米"，那么你可以得到：

$$滑冰的速度=\frac{28千米}{2小时}$$

很简单，除一下就行了：

$$滑冰的速度=\frac{14千米}{1小时}，\quad 就是每小时14千米$$
或14千米/小时

不过你还要知道：人们提到速度的时候总是说"50千米1小时"，他们的意思也是50千米每小时。

我们再次向你报道外星人的最新消息！

天灾啊，这个速度太快了。我们死定了！

★ 分别为外星的时间和距离单位。

让我们回到刚才的比赛中去，如果你仔细看，的确有一些明显要比别的快，但关键在于如何进行比较。你可以选其中一种单位，然后把别的也变成这种单位就可以进行比较了。

我们选择"每秒米"为基准，可以缩写成"米/秒"。

首先，我们知道短跑运动员的速度是10米/秒，太好了，我们不用重新算了。

接下来，光的速度是每秒300 000千米，1千米等于1000米，所以300 000千米就等于300 000 000米。所以光的速度是每秒300 000 000米。

再往后，是猎豹，我们知道它是陆地上跑得最快的动物，它每小时大约跑100千米。像刚才那样，我们把千米换成米，那就是说，猎豹的速度是每小时100 000米。

但这还不够，如果我们要把猎豹的速度和别的速度相比较，我们就得知道它每秒跑多少米。我们要算出这个数得先列个式子（记住速度是距离除以时间）。

$$猎豹每小时的速度 = \frac{100\,000米}{1小时}$$

现在我们需要知道1小时有多少秒，这好像谁都知道！1小时是60分钟，每分钟又有60秒，所以每小时有60×60秒，总共3600秒。现在我们可以把它代到式子里去了：

$$猎豹每秒的速度 = \frac{100\,000米}{3600秒}$$

你现在可以算出得数了，如果是用计算器算，数值会非常精确。

猎豹的速度=100 000÷3600

=27.777777777777777777（米/秒）

这么多的7！因为这些7都是在小数点之后，我们可以用四舍五入的方法把它约为27.78米/秒。

等会儿，这8是从哪儿来的？

这个"8"是当你省略7的时候从7的循环中四舍五入来的。当我们要省略到小数点后2位时，我们先把数保留到小数点后3位，即27.777。如果我们要把最后一个7省略掉，其规则是：如果最后一个数大于或等于5，你把前面一个数加1，如果小于5就可以略去不要，所以我们得到的数是27.78。

猎豹说得已经够多了。下一个是蜗牛，它每小时走50米。很明显，蜗牛肯定没有猎豹跑得快，但我们还是得转化一下。距离已经是米了，不用再换了，我们需要把时间转化成秒，和以前一样，我们用式子除一下：

$$蜗牛的速度=\frac{50米}{3600秒}=50÷3600$$
$$=0.0138888888888（米/秒）$$

这么多8，太烦人了！我们可以省略掉一些，把它缩写为0.01389米/秒。

最后一个，纽约以每年20毫米的速度漂移，我们看一看：

$$纽约移动的速度=\frac{20毫米}{1年}$$

首先，我们必须把20毫米转化成米，结果是0.02米，然后把年化成秒，一年里有多少秒呢？一年有365天，一天有24小时，一小时有60分钟，一分钟有60秒。

把这些数相乘，即$365 \times 24 \times 60 \times 60$，得到的是一年里有31 536 000秒。

当然，如果你非得钻牛角尖，你还可以提出这样的问题：

那闰年怎么办呢？闰年有366天。

老师最讨厌这种问题，这个时候，他可能宁愿去教马戏团的那些动物。

咱们还是老实点吧，否则，她还会让我们做更多的数学题的！

事实上，除非你是那种非要知道早餐吃了多少粒爆米花，或者非要数清厕所里总共有多少张卫生纸的傻蛋，没有人会计较一年里是多一天还是少一天的。

好了，我们还得说说纽约。我们把每年多少米换成每秒多少米，代到式子里就变成了：

$$纽约的速度 = \frac{0.02米}{31536000秒}$$

除完之后的结果是，纽约的速度是0.0000000006342米/秒。

到目前为止，我们这5个速度终于统一成同样的单位了，我们来比一比。

真奇怪，实在是奇怪，光的速度居然要比纽约的移动速度快那么多，看来我们的努力没白费，是不是？

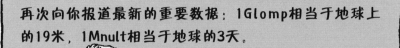

再次向你报道最新的重要数据：1Glomp相当于地球上的19米，1Mnult相当于地球的3天。

1Glomp=19米，
1Mnult=3天

随着这个飞行物的逼近，我们只能静静等待，你猜地球幸存的机会有多大？

隆隆隆……   隆隆隆……

现在你对这个外星飞行物肯定已经很害怕了，让我们看看我们还能活多长时间。至少我们已经有足够的数据可以把这个飞行物的速度转化成米每秒了：

$$飞行物的速度 = \frac{180Glomps}{1Mnult}$$

转化成米/秒，我们可以得到：

$$飞行物的速度 = \frac{180 \times 19米}{3 \times 24 \times 60 \times 60秒} = \frac{3420米}{259200秒}$$

用计算器算一下，飞行物的速度是0.01319米/秒。

嘿！仅仅在1分钟以前，我们刚刚算出蜗牛的速度是0.01389米/秒。

天啊，蜗牛居然比这个飞行物还要快一点点啊！

再次向你报道有关外星战舰的最新消息。

好像蜗牛都可以超过这个飞行物……

呼咻！

地球安全了。但如果这个飞行物也懂数学的话，是不是这个故事就得改写了？

单面纸

尊敬的先生:

我刚刚读到这章的标题"单面纸",单面纸? 不可能,在我多年的教学研究中,从来就没有听到过这样的垃圾。我只有几件事要说:

1. 你很蠢。

2. 如果我发现我的学生在看你这本书,我宁可让他们补我那些旧线袜。

3. 如果你是我的学生,我会罚你抄1万遍"我再也不浪费纸了"。

你可能不认识的,

伯兰克索

(一个字写得很难看的老师)

对不起,伯兰克索先生,你很快就不这么想了。

让我们研究研究普通的白纸，它有两面，对吗？这面翻过来背面还有一面，乖乖，这谁不知道？

让我们假设有一个疯狂的科学家发明了一种"可致死的染料"……

你必须迅速地把整张纸都涂黑，这样，"可致死的染料"里的颜色才不会显示出来。你按下面这些步骤做就行了：

1. 先从一面开始，用黑墨水把纸涂黑，边上也不要留空白。

2. 等干了之后，检查一遍，然后翻过来把另一面也涂黑。

3. 再检查一遍，确保没有任何可致死的染料可以在上面留下痕迹。

重要的是，你要把整张纸都涂黑，因为纸有两面，所以你必须得涂两遍。但是如果这张纸只有一面，你就可以一下把颜色涂满而不用翻页。

怎样做单面纸

在许多年前，这类事情被称为"现代数学"，我们现在可以把它叫做"古代数学"了。尽管古老，还是蛮有意思的。

你需要准备两个长的纸条，如果你把超市买东西的打印单据留起来，是最好不过的工具了。你还需要一些胶水或胶带。

1.拿一张纸条，把首尾用胶水粘在一起，做成一个大环（就像你的大项圈一样）。

2.把另一张纸条也做成一个环，但在粘之前，先把纸条扭一下，使原本朝上的一面变成朝下的。

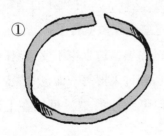

①

②

第二个环就是一种真正的单面纸，如果你想让自己显得更聪明的话，可以把它叫做魔幻纸环，是发明这种环的那个小子取的名字，是不是挺酷的？

魔幻纸环，多蠢的名字！

1. 把你做的第一个环拿来，在纸的中间画一条封闭的线，因为这张纸是两面的，所以你会发现只有一面有线，而另一面并没有线，你还没画呢！

2. 在你做的第二个环上面也画一条封闭的线，你会发现，尽管你没有翻纸，但纸的两面都有了线。原因是，你把纸的两面都连在一起了，这张纸就只有一个面了！如果第二个环要染颜色的话，你只要染一面就可以了。

还有一些挺有意思的事儿。第一个环有正反两个圆，但另一个环却只有一个。要证明这个现象，你只需要准备两只训练有素的热恋中的蚂蚁就能搞定。

先试验第一个环，把蚂蚁分别放在环的两侧。告诉蚂蚁，它们只要沿着这条线往前走就能碰到对方，其实，这是一个骗局，它们根本就不可能相遇。

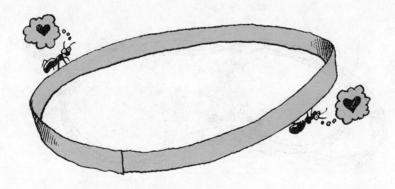

但是如果把蚂蚁放到第二个环的两面，它们直接往前走就肯定能碰到。这是因为两条线是连在一起的，单面纸只有一个圈。

神奇的魔术

如果你还是不太明白，那就拿一把剪刀试一试。把第一个环沿着那条线剪开（轻点儿剪，那两只蚂蚁可能正在中间亲热呢）。

剪完之后，会发现这个大环被剪成了两个窄窄的环，对此，你肯定不会觉得奇怪，因为我们在剪别的东西的时候也是一样的，都是一个大的变成了两个小的。

可遇到第二个环，你肯定会诧异得张大嘴巴的！还是沿着那条线剪开，即使你把这个环剪成了两半——你得到的是什么？

如果你真的对这些单面纸的怪异感兴趣的话，还可以接着尝试……

再做一个扭环（就和你的第二个环一样），但这次不是在中间画一条线，而是在靠近边缘的一面慢慢地画上一条线，直到它和起点重合（你会发现你必须得把环翻两次）。

现在，如果你沿着那条线剪开，你知道将会怎样吗？试试看！

又一个奇观

下面是魔幻纸环最致命的撒手锏，真正让你的朋友甚至你自己感到吃惊不已！

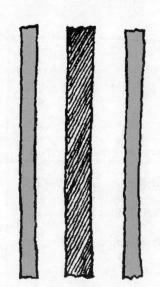

1. 准备3条窄的长纸条，它们的长度应该相等，如果其中一条比另两条稍宽点儿就更好了（如果你用的是超市的收据条，你可以把两个粘在一起）。把宽的涂上亮的颜色，如红色。

2. 把它们像三明治一样叠在一起，宽的那条放在中间。

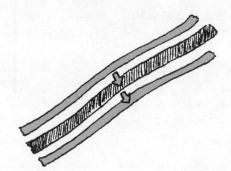

3. 把"三明治"扭一下，再把两端接在一起，就像你做一个三层的魔幻纸环一样。

73

4. 把宽纸条的末端粘在一起，再粘另外2个窄环，这时，你应该有3个连在一起的环。

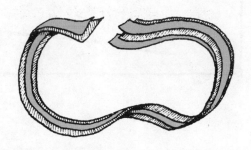

5. 把你的作品展示给你的朋友，告诉他们两个白环中间有一个红环。因为红环要稍宽一些，你可以看到它和两个白环并没有粘在一起，最重要的是，两个白环也没有粘在一起。

6. 让你的朋友把两个白环分开——不能把纸撕破。

亲爱的先生：

读完你这章荒谬的"单面纸"后，我决定自己亲自做一做这些实验。我找来了一对热恋中的蚂蚁，打算花一年的时间训练它们如何沿着纸环走路。可不幸的是，这两只蚂蚁几周之后就死掉了，害得我浪费了好几个月的时间整天对着两只死蚂蚁说话，还企图用火柴棍上的蜂蜜诱惑它们。

由于你这本不负责任的书，我敢保证，肯定有很多读者也会和我一样做的。你应该为此感到羞愧。

刁难你的，

伯兰克索

奇怪的数字

"数字有什么可奇怪的？"你可能会问。恭喜你，你可不是第一个问这个问题的人。

古代希腊数学家毕达哥拉斯曾醉心于研究如何用数字把一些东西完美地表达出来。"3-4-5"直角三角形就是其中最典型的一例。

"3-4-5" 三角形

古代的建筑师们经常要测量"直角"，就是90度的角，我们可以用直角三角板把它画出来。

直角三角板是检查图形或其他东西如茶杯、盒子之类的角是不是直角的得力工具。但如果你想量一幢房子的角度，直角三角板就太小了，根本派不上用场。

我们可以回到古希腊，看看他们用的是什么方法。

一根绳，有12个结，且结与结之间的距离相等

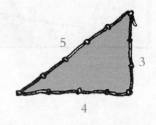

75

准备一根绳子，打好12个结，结与结之间的距离要相等。把绳子绕成三角形，使其中一边有3段，一边有4段，另一边有5段。这就是一个直角三角形。当然，你的绳子可以任意长，只要12个结之间的距离一样长就OK！这样，你就可以得到更大的直角三角形了。

毕达哥拉斯特别喜欢那些能恰好用标准的数字关系来表示的东西，比如我们刚刚提到的"3-4-5"。这些数字让我们的生活简单又充满生趣。他的徒弟们都尊崇他为先师。当他把著名的勾股定理公之于世时，人们对他更是佩服至极。

你没有忘记平方是什么吧？就是一个数和它自己相乘的结果，你只要把一个小2写在字母的右上角就可以了。比如说，6的平方是6^2，等于6×6，也就是36。无论什么数都可以平方，比如，1763的平方是3 108 169。最简单的平方是1的平方，即$1 \times 1 = 1$。

好了，你已经知道平方了，用3、4、5检查一下毕达哥拉斯的公式。他说$3^2 + 4^2$应该等于5^2。如果你得出来的是9+16=25，那就对了！

下面还有一些直角三角形，你还可以验证一下，是不是这样……

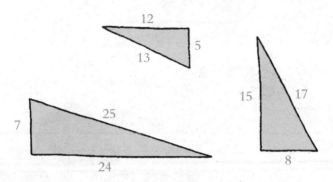

不管怎么样，毕达哥拉斯和他的徒弟们对生活充满了信心，直到有一天……

麻烦就从这里开始了，你认为对角线应该是多长？

▶ 2米（不对！太长了）。

▶ 1米（不对！太短了）。

▶ $1\frac{1}{2}$米（有点儿接近了，但还是长了一点儿）。

▶ $1\frac{1}{3}$米（更接近，但有点短了）。

▶ $1\frac{2}{5}$米（很接近了，但还是短了一点点）。

可怜的毕达哥拉斯用了几年的时间企图找出某一个分数来算出答案，但他从来就没有精确地算出来过，因为答案不是分数，而是我们要讲的第一种奇怪的数字。

$\sqrt{2}$ 即2的平方根！

你喜欢这种奇怪的符号吗？这就跟你看见发疯的科学家写出一大串魔鬼一样的公式差不多——可它代表什么意思呢？

其实很好理解，记住：一个数被平方就是自己和自己相乘，我们知道2的平方是4，那我们就可以说4是2的平方。

换一种说法，你也可以说2是4的平方根，即用 $\sqrt{4}=2$ 来表示。

很凑巧，4的平方根正好是整数，所以很好理解。假设2的平方根也是整数的话，可能毕达哥拉斯就不会困惑那么多年了。不幸的是，大部分数的平方根都不是整数。

你来看看，下面哪些数有整数的平方根？

1，2，3，4，5，6，7，8，9，10

答案是1，4，9，其他的都没有！

毕达哥拉斯的问题在于，他以为任何整数都有一个整数或分数的平方根，即使是非常复杂的分数，像下面这些：

$$\frac{23}{36} \text{ 或 } \frac{641}{1132} \text{ 甚至是 } \frac{375\,837}{823\,391}$$

而如果他用整数去考虑，就永远都不会找到答案。难怪他的心情变得如此糟糕！

毕达哥拉斯把他的徒弟们秘密地杀死了，可他却无法阻止2的平方根的存在。问题的关键在于我们不能把2的平方根（像很多数的平方根一样）用普通的分数表示出来。唯一的办法是用一串无限长的小数表示，这个小数是以下面这些数开头的：

1.41421356237……后面的数就这样永远持续下去了。

3的平方根也好不到哪儿去，它是以1.73205080756 ……开头的。

你可能会认为像10这样好的数字应该有整数的平方根了吧。

$$\sqrt{10} = 3.16227766017\cdots\cdots$$

但实际上，并不是这样！

像这样奇怪的数，我们称之为无理数，这个名字听起来挺不错的，因为你说别人无理的时候你是想说他们没有道理，呆头呆脑的。许多年以前那个可怜的汉普斯就是因此而葬身于大海之中的啊。

计算器的技巧

用大多数计算器时，平方都是在数后面直接摁"×"然后摁"="就可以了。比如说你摁"17×="就得到了289，和你摁"17×17="的答案一样。

如果你想得到一个数的平方根，你必须得摁计算器上面的"√"号。把一个数输进去之后再摁一下"√"号，你就得到了你想要的数。比如说你输进去"289√"，答案就是17。

　　你还可以把一些非常大的数输到你的计算器里面，看看哪一个的平方根是整数。请你试试这个数，它的确非常非常大：13 693 141 151 293 633 363 001。

　　有很多无理数你无法把它们精确地写出来，如果你读过"难以琢磨的测量问题"那一章，你肯定还记得那个奇怪的"派"吧！

　　"派"是一个希腊字母：π。不太起眼，是吗？你可千万别以貌取人，埋没了真正的勇士。告诉你，π是世界上最有用的数之一。你知道它有多重要吗？有的计算器上还特意为它设计了一个专门的按钮呢！

　　"派"最早出现于古代数学家对圆的研究过程。

"派"（或π）大约就是这么来的吧！

如果你想算出圆的周长，你只需要量出直径，然后再乘以π就可以了，就像这样：

$$周长 = π \times 直径$$

或者，你可以用公式来表示：

$$C = πD$$

不幸的是，古代的人太不注重细节了，他们居然没有把π是多少算出来！

最开始，他们认为周长是直径的3倍，还多一点点。后来，一个聪明的希腊人阿基米得，算出来大约是$3\frac{1}{7}$，但他也知道这并不精确。

分数$3\frac{1}{7}$大约是：3.142857142857142857……（你注没注意到"142857"始终保持着循环）

尽管$3\frac{1}{7}$接近于精确值，但由计算机算出的最精确的值是：3.14159265358979323846……（因为π是无理数，所以这些数字从不循环，就这样一直继续下去）

一群高手

现在你看到的π已经算到了小数点后20位，足够任何一个人计算用的了。可计算机高手们却已把π算到了亿亿位，而且如果他们不是发神经的话，居然还有人在互相比试，看谁背得位数最多。

"派"的秘方

在这本书的前面我们说过会有一些奇怪的公式，让你晕得找不到北，瞧，它们马上就要来了！

这些公式包括π，还有一个"*r*"，这个小小的"*r*"是圆的半径，就是圆心到圆周上任意一点的距离，也就是直径的一半。

$$r=\frac{D}{2} \text{ 或} r=D \times \frac{1}{2}$$

如果你想要一个更简练的公式，还有：

▶ 你还可以换一种写法：$D=2r$。

▶ 我们还知道圆的周长=πD或$2\pi r$。

▶ 圆的面积=$\pi(r \times r)$，或πr^2。

▶ 圆柱形的体积=$\pi r^2 h$。

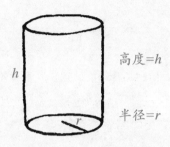

高度=h

半径=r

▶ 球的体积= $\dfrac{4\pi r^3}{3}$ 或 $\dfrac{4\pi(r \times r \times r)}{3}$ 。

▶ 事实上，只要和圆有关的公式里面都要用到π!

最后，还有一个很难的公式，可能你的老师都不一定知道！
如果你在球上削一刀，削下来的那一部分的体积是多少？

削掉一部
分……

h=高
r=半径

▶ 这个圆帽的体积= $\dfrac{\pi h(3r^2+h^2)}{6}$ 。

哇噻！我们越说越悬乎了，真的开始涉及"特别要命的数学"了！

　　说老实话，你是不是真的理解了所有的公式？如果没有，也不必灰心或者担心，因为这可能意味着你更擅长于这本书上的其他内容。但是如果你理解了这些错综复杂的东西，真的说不定，会有一天，你和你聪明的大脑会徜徉于大学的殿堂。

在货车站上

6个男人赶到的时候，多莉正在信号房的楼梯口等他们。

"大个子呢？"多莉边走边问。

"他还在吃午饭呢，"查尔索回答，"我们先吃的，第一拨没轮上他吃。"

"那就活该了，"多莉发令了，"就你们几个吧，动手之前，你们得见一个人。"

信号房里弥漫着浓重的煤油味和发霉的烂木头的气味。一块大展板遮住了一面墙，另一面是一扇大窗户，窗外就是人行道。

"看，那么多操纵杆。"笑面虎好像很好奇的样子。

"可别小看它们，"一个穿着肥大牛仔裤的女人笑着插话道，"拔错一个，这片地方就会变成垃圾场。"

"伙计们，来见见哈里。"多莉说。

"哈瑞？"他们几乎同时脱口而出。

"我叫哈里，"这个小女人慢吞吞地说，"谁想尝尝我这种烤烟？"

"不用了，谢谢你的好意，太太。"他们一边嘟哝，一边向后退了几步。

"这盏漂亮的灯是干什么用的啊？"吉米用他仅有的那一根手指指了指墙上的展板问。

"这张图画的是从这儿到诺克斯堡的铁路线，"多莉说，"上面还标出了中间停靠的车站。"

"这盏灯会指示火车行驶的方向，"哈里说，"由我手中的操纵杆控制。"

"好了，现在听着，"多莉郑重地说，"诺克斯运钞公司乘坐的高速列车将于明天早上5：00开出，并以每小时48千米的速度向我们这里行驶，预计6：40准时到达诺克斯堡站。他们运送的钱财估计有1500万。"

"还有200个警察吧？"布雷德反问。

"告诉你，一个也没有！"多莉十分得意地说。

"什么？没有警察？"查尔索实在不敢相信自己的耳朵，他追问，"万一有人抢劫怎么办？"

"这1500万全是硬币。"多莉说。

"有没有搞错呀？这么多的硬币光卸就得好几天！"布雷德说，"就算我们劫获了火车，恐怕还没卸完就被警察抓走了！"

"跟他们透底吧，哈里。"多莉说。

"离诺克斯堡5千米的地方，有一些从主线上分出来的煤矿专线，"哈里指着图说，"这些路线还可以使用，而且我是唯一知道这一秘密的人。"

"所以要他们劫持这趟列车，想办法把它引到煤矿线上藏起来。"多莉说。

"是的，一旦火车进去之后，我就把道岔扳回来，"哈里说，"放心，没人能找到这辆火车的。你们就可以抓紧宝贵的时间把它们全都卸下来。"

几个男人你看看我，我看看你。这事听起来实在是太简单了！

"可是，我们怎么才能让火车停下来呢？"吉米疑惑地问，"我想他们不会停下来让我们搭便车吧！"

"没错！"威赛尔也表示赞同，他补充道，"而且那个岔道肯定很明显，他们不会自动开进去的。"

"用牛！"多莉说。

"牛？"大家更疑惑了。

"在那儿附近正好有个奶牛场，"多莉说，"火车快到的时候，你们打开牛场的大门，把牛赶到铁道线上，火车就不得不停下来了。"

"如果那些牛不听话，到处乱跑怎么办？"布雷德说，"我们又不是牛仔，怎么能保证让它们乖乖听我们指挥？"

"你只要把时机掌握好就可以了，不要废话了行不行？"多莉说，"你们必须在火车快到的时候再把门打开。"

"哦，别，"布雷德惊恐地说，"千万别提什么数学！"

土地先生和
篱笆先生的故事

很久以前，有两个奇怪的绅士：土地先生和篱笆先生。虽然他们是邻居，却相处得一点儿也不和睦。

土地先生　　　　　　　　　篱笆先生

土地先生有一大块地，而篱笆先生有很多的围栏。他们俩被一个问题困扰着：土地先生想得到一些围栏，而篱笆先生想拥有一些地。他俩商量来，商量去，始终没有协商出一个合理的解决方案，最终就去找法官帮着解决。

"我提个建议，"法官说，"篱笆先生用100米围栏在地上圈一个圈，围栏里面的土地就归他所有了。"

"那我怎么办，法官？"土地先生着急地问。

"你知道篱笆先生拿走多少地以后，你就可以另外找一块同样面积的地，让篱笆先生在那里围一条围栏，这条围栏就是你的了。"

问题就这样解决了。

第二天，篱笆先生拿了正好100米的围栏来到土地先生指定的地点。

篱笆先生在地上摆了一个长方形，他说："我的长方形长40米，宽10米。"

"那么你圈的面积总共是40米×10米，"法官说，"也就是400平方米。"

"等等，"篱笆先生说，"让我再试试看。"

这次他围了一个30米长，20米宽的长方形。

"那你现在的面积是30米×20米，"法官说，"总共是600平方米！"

"怎么回事？"土地先生低声说，"一样长的围栏围出来的面积怎么会不一样？"

"确实是这样。"法官说。

"让我再试试吧！"篱笆先生说。

这次，他又摆了一个正方形，每边都是25米长。

"25乘以25，"法官拿出他的计算器，"总共是625平方米！"

"又多了25平方米！"土地先生心疼坏了，"你不会想出什么别的馊主意，再多圈出几平方米吧？"

篱笆先生还真的又有了一个主意！"我可以把围栏摆成一个圆！"

法官又算了一下。

"我们知道圆的周长是100米,"法官沉默了一会儿,"要算出这个面积我们要用到'派'。"

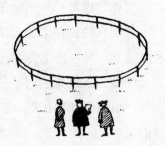

(幸运的是这位法官读过这本书的上一章。)

法官是如何算出面积的

1. 他先列出圆的周长公式:
$$周长 = 2\pi r$$

2. 他知道圆的周长是100,所以他这样写:
$$100 = 2\pi r$$

3. 他把等式两边的两个2都约掉,等式变成了:
$$50 = \pi r。$$

4. 把π除过去得到:$\dfrac{50}{\pi} = r$

5. 他用他的计算器算了一下,得到半径是15.9米。

6. 圆的面积公式是πr^2,所以法官在计算器里面输入$\pi \times 15.9 \times 15.9$,得到答案是795。

"现在的面积是795平方米!"法官说,"就算是800平方米吧,应该归你的。"

"足够了!"篱笆先生说,"我想围成圆是我的围栏能圈出的最大面积了。"

"我想也是！"土地先生高喊，"你也该知足了！"

"现在轮到你了，土地先生，"法官说，"你先划出800平方米的地方，篱笆先生会给它装上围栏的。"

于是，土地先生划了一块40米长，20米宽的地。

"20米乘以40米，正好800平方米，"法官说，"面积是对的。"

"两边20米，两边40米，我总共能得到120米围栏啊。"土地先生说。

"好像挺公平的。"法官说。

"等等。"土地先生的嘴角露出了诡秘的一笑，"你是不是说过土地的形状可以是任意的？"

"是的，任何形状。"法官说，"只要总面积是800平方米。"

土地先生又画了一个形状。

"瞧！"他说，"10米乘以80米也是800平方米。"

"但那就需要180米围栏了。"篱笆先生说。

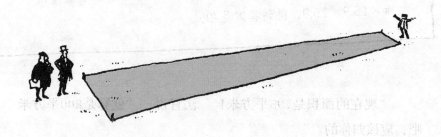

可土地先生还没试完呢！

"等等，我还想重新画一次！"

土地先生走了很远，画出了一个又细又长的图形。

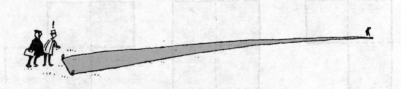

"1米乘以800米。"法官说，"这确实是800平方米！"

"这需要1602米的围栏啊！"篱笆先生呻吟道。

"还没完呢！"土地先生骑上马，向远处的地平线跑去。

"天啊！"法官眯起双眼努力地向远处看去，"这块地现在是宽1毫米，长800 000米——但恐怕这还是在允许的800平方米范围内！"

"这要用去我1 600 000米围栏了！"篱笆先生痛苦地喊道。

"如果是半毫米宽，再多一倍长的话……"土地先生得意地说。

这个故事讲的是面积和周长（周长是围成一个区域的周围的线的长度。在这个故事中，围栏就是所圈土地的周长）。

面积相等的图形可以有很多种形状，而且有可能是完全不一样的形状。

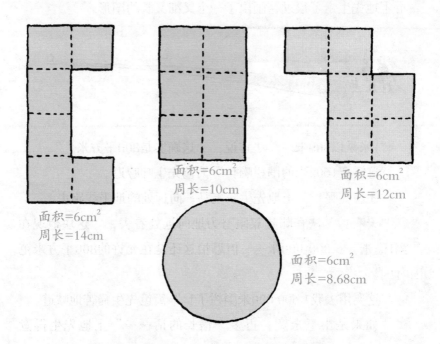

面积=6cm²
周长=10cm

面积=6cm²
周长=12cm

面积=6cm²
周长=14cm

面积=6cm²
周长=8.68cm

上图中上面3个图形的面积都是一样的——你可以看到它们都是由6个1厘米×1厘米的正方形构成的。这个圆的面积和它们一样，也是6平方厘米。但是，就像你看到的一样，它们的周长却不同。

你能得出什么结论？

如果面积是固定的，周长最小的图形是圆。如果你想和故事中的土地先生一样，在一个固定的面积范围内要得到无限长的周长，你只要把宽度变得无限小，长度变得无限长就可以了。

下面这个图形的面积也是6平方厘米，但周长却很长。如果它的宽度更窄一些的话，周长就会更长。

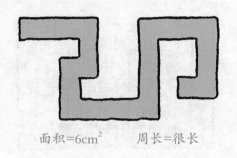

面积=6cm²   周长=很长

另一方面，如果周长是固定的，你若想面积尽可能的大，那你就可以学学篱笆先生，做一个圆。用固定的周长，你可以做出任意形状的图形，面积可以很小甚至可能几乎等于零。

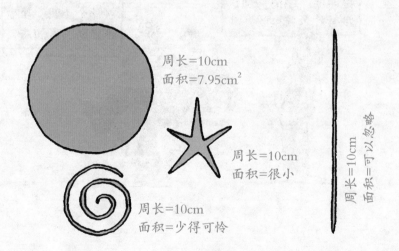

周长=10cm
面积=7.95cm²

周长=10cm
面积=很小

周长=10cm
面积=可以忽略

周长=10cm
面积=少得可怜

试试可以穿过一个人的名片

我们已经搞明白了什么是面积和周长。下面，我们来表演一个"特技"，这个"特技"看起来好像根本不可能发生，不过，你只有亲自试了以后才有发言权。给你的朋友看一张名片，然后告诉他你可以从这里面钻过去。你的朋友肯定会以为你的脑袋进水了。别慌，你可以这样剪：

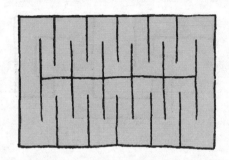

　　这张名片打开以后就会变得特别长，你可以很轻松地从里面迈过去！

镜子数

难住老师的数字难题

你听说过镜子数吗？如果你想斯文一回的话，也可以叫它"数字的回方结构"，它是指顺序和倒序都一样的数字，如131或7227或2 187 812。这种数字很奇怪，不管你顺着写还是逆着写，写出来的都是同一个数，而且，你得到这种数字的方法也很奇特。你不妨也来试一试：

1. 取一个两位数，写在纸上。

2. 在下面写上这个数前后位置交换后的数。

3. 把这两个数加在一起。

4. 然后在下面再写上这个和数前后位置交换后的数。

5. 再把这两个数加在一起。

6. 继续，最后你会得出一个镜子数。

例如：

1. 选取数字：78

5. 继续：
$$\begin{array}{r} 1353 \\ + 3531 \\ \hline = 4884 \end{array}$$

2. 加起来：
$$\begin{array}{r} 78 \\ + 87 \\ \hline = 165 \end{array}$$

6. 这个数4884就是我们要找的镜子数。

3. 然后：
$$\begin{array}{r} 165 \\ + 561 \\ \hline = 726 \end{array}$$

4. 接下来：
$$\begin{array}{r} 726 \\ + 627 \\ \hline = 1353 \end{array}$$

哦，不，倒了七辈子霉了！

▶ 有些数算起来更快，比如29：

$$29+92=121$$

▶ 你还可以以一个镜子数开头，如55：

$$55+55=110$$

$$110+011=121$$

▶ 注意：你要是选数字89或98，那么它算出的镜子数是 8 813 200 023 188。

▶ 你还可以和你的朋友比一比。你们每个人写下一个两位数，然后用加法把镜子数求出来，谁加的次数最少，谁就获胜。

▶ 如果你真的很富有挑战精神，那你就从3位数开始，甚至从4位数或更多位数开始！一般情况下，最终你都会算出一个镜子数来。但是196是个例外，不信你就试试！

如何能流芳百世

流芳百世，
真的吗？

哦，是的。

你认为现在谁最有名？是你最喜欢的某个明星？电视主持人？还是运动员？没意思！这些人几年之后大部分都会人气大衰，没人能记得他们了。你还能说出去年谁的人气最旺吗？你认为再过10年之后他还会这么有名吗？100年后呢？1000年后呢？

当然不能，但数学可以给你一个让人永远都记住你的机会！

我们可以回想一下，古代著名的数学家像阿基米得、毕达哥拉斯，他们解决了很多深奥的数学问题，所以他们到现在还是很有名。不过，幸运的是，他们还留下了很多需要继续研究和探索的问题，如果你解决了其中的一个，几千年后你也会和他们一样流芳百世！

凯文·史
密斯
永载史册

当然，这些问题解决起来都有很大的难度，但也有一个或两个看起来不怎么难的，包括几何里的一些问题，都等着你来解决。

那什么是几何呀？

问得好！现在你有一个非常好的机会能自己找到答案。愿不愿试试？

是不是烦透了加法和减法？对数字痛恨无比？对计算深恶痛绝？那你就试试几何吧！

几　何！
有意思！　真好玩！

你一天到晚都可以不停地画呀画！

我从没想到过数学竟会如此的美妙！
——亚赛克斯

这是真的，你可以随心所欲地画各种几何图形，还可以把它们加以组合。看到了吗？有一群整天拿着计算器算来算去的家伙正看得目瞪口呆，他们好羡慕你哟！

要想学几何，以下几种东西必不可少：

▶ 一支铅笔

▶ 一根直尺

▶ 一个画曲线和圆用的圆规

▶ 一些纸

几何到底是说什么的呢？

古代的数学家花了很长时间来研究像圆、正方形等形状，几何就是要告诉你怎么画这些图形并怎样把它们组合在一起。最玄妙的是，古人从来没在几何里用过数字，对他们来说，尺子上面的标号没有任何意义！

下面是一些几何入门的知识……

特别警告！ 画圆的时候，你会用到圆规。圆规的头很尖，你要确保你要画圆的纸是垫在别的什么东西上面，如没用的电话本或硬纸板什么的。如果你的圆规为你家的餐桌增添了新的图案，说不定你现在就会变得非常有名，因为——你有世界上最凶的老妈或老爸！

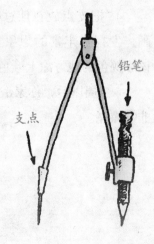

铅笔

支点

怎样画圆

非常简单！把圆规的支点固定在纸上，装好铅笔，然后以支点为圆心，把铅笔在纸上转一圈就可以了。

在几何中，你常常要画很多一样大小的圆或一样长短的曲线，所以画完之后，保持圆规打开的角度不变，直到你要改画另一种大小的图形。

怎样画花形的墙纸

1. 先画一个圆，不要动圆规，保持张开同一角度。

2. 把支点放在刚才那个圆的圆周上，画一个同样大小的圆。

3. 把支点放在两个圆相交的点上，再画一个同样大小的圆。

4. 把支点放在任意相交的点上继续画。发挥你丰富的想象力，在你认为应该涂颜色的地方涂上颜色。

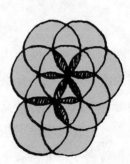

5. 1周以后，你家浴室的墙就会变得非常漂亮。

如何把线段分成完全相等的两部分

这就叫线段的平分。

1. 画一条线段（认真一点，别画弯了，因为你要把它平分成两半）。

2. 将圆规的支点放在线段的一个顶点上，把圆规打开到线段的一半长以上。

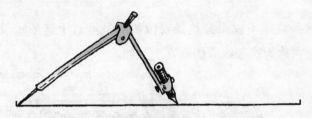

3. 画一条弧线（圆的一段）和线段相交。

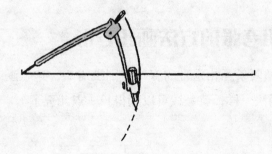

4. 保持圆规张开的角度不变，以线段的另一个顶点为支点，再画一条弧线，和刚才的弧线相交于两点。

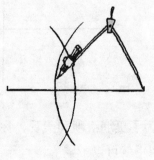

5. 用直尺连接弧线相交的两个交点，画一条直线。

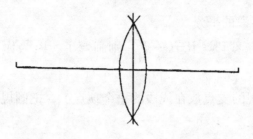

这条直线不仅平分这条线段，而且垂直于这条线段。所以你可以把它称为这条线段的垂直平分线。

真是个华而不实的博士！

怎样用夸张的方法画正方形

1. 画两条互相垂直的直线（别皱眉头，这个画法和画线段平分线的画法一样，就是线可以画得长一点儿罢了）。

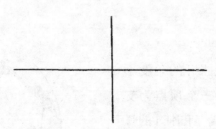

2. 为了更加清晰和美观，你可以把那些弧线都擦掉，只把两条直线留下就可以了。

3. 把圆规的支点放在直线相交的点上，画一个圆，半径任意（不过不要小得看不见或大得和直线没有交点就行）。

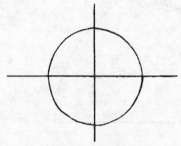

4. 把圆和两条直线相交的4个点用直线连接起来。

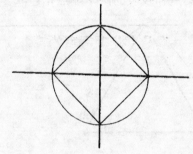

5. 好了，你现在得到的就是一个标准的正方形。

109

怎么画等边三角形

等边三角形就是三条边都一样长的三角形。

1. 画一条线段，以其中一个顶点为支点。

2. 以线段的长度为半径向上画一个大弧。

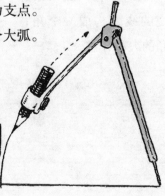

这个大弧可真够"大"的。

3. 以线段的另一个顶点为支点，再画一条和刚才一样的弧线，与第一条弧线相交于一点。

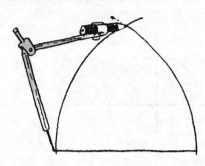

4. 用直线分别把这交点和线段的两个端点相连。

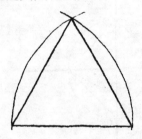

5. 这就是你要的等边三角形（可能画起来要比说起来简单）。现在你很快就要出名了，别急，你还需要知道另外一件事。

如何平分一个角

1. 用直尺画两条相交的线，构成一个角，角的大小任意。

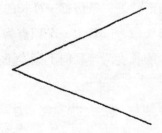

2. 把圆规的支点放在顶点上，画一条弧线，与两条边分别相交于两点。

3. 以弧线和边相交的一点为支点，半径不变，在角的中间再画一条弧线。

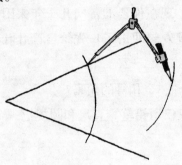

4. 同理，以弧线和边的另一交点为支点也画一条弧线，和刚才的弧线相交于一点。

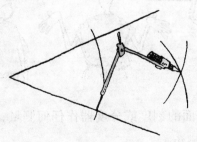

5.用直线把这一点和顶点相连。

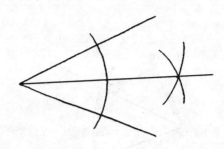

6. 这条线就是我们要的角平分线，不管刚开始你画的角有多大！

好了，玩够了吧。现在你要准备向几千年来困扰了成千上万个极其聪明的人的难题发起冲击了！先给自己壮壮胆，打打气！准备好了吗？

你能把一个角平分成3个相等的角吗？

也就是说，你能仅仅用铅笔、直尺和圆规把一个角分成3个完全一样的角吗？

你不能用直尺上面的刻度或分度器作任何测量，也不能用瞎蒙的方法，企图浑水摸鱼。

你一旦解决了这个难题，在未来的几百年里，你就可以不停地给人签名留念，上上电视什么的，何等风光啊！下面还有一个小小的问题需要你顺便解决一下。

先画一个圆。请问你能用一支铅笔、圆规和直尺，画出一个和这个圆同等面积的正方形吗？也许，聪明的你此时心里正在纳闷，为什么这两个看似简单的问题都无法得到解决呢？千万别让这个想法吞噬了你的勇气和信心，你想啊，古代的数学家连怎么调试VCD都不懂，也不会用微波炉，可你却得心应手，很多事情都在变嘛……

113

在奶牛场

夕阳为草地镀上了一层美丽的金色，一群奶牛在安静地啃食着青草。两束强烈的灯光由远而近，吓得它们急忙往山边跑去。查尔索透过挡风玻璃已经看见了铁轨。

"头儿，我们已经走得够远的了。"他说，"我们差不多该到了吧。"

"快把灯关掉，臭小子！"布雷德骂了他一句，"接着往前开，小心你把牛都吓跑了。"

门吱呀吱呀地打开了，一双白色的皮靴轻轻地踏在了草地上。

"怎么到处都是泥巴？"吉米有些烦躁，"没有人行道吗？"

"这儿哪会有人行道啊？"笑面虎斜着眼，说，"这里可是乡下啊！"

"这个我倒没看出来，不过，我好像闻出来了。"吉米苦笑着说，"而且，它们就粘在我的靴子底下。"

"少啰唆！"布雷德发话了，"当务之急，我们得确切地知道什么时候动手。"

"我一直琢磨呢！"威赛尔说，"火车的时速是每小时48千米，我们现在离车站8千米，没错吧？"

"这个哈里不是说过了吗？"布雷德不耐烦地说。

"也就是说，如果火车每小时走48千米，"威赛尔继续嘟囔，"那么，走8千米根本用不了多长时间啊！"

"六八四十八！"瘦高个儿又算开了。

"没错！"威赛尔接过话茬，"一小时可以走6个8千米呢！"

"你算这个干吗？"布雷德更着急了。

"这你就不知道了吧！"威赛尔自鸣得意地说，"按我的估算，走完这8千米只要一个小时的1/6就够了！"

"噢，1小时的1/6就等于10分钟！"瘦高个儿马上算出了得数。

"你说对了！"威赛尔好像发现了天大的秘密，"火车到站前10分钟就该经过这里。"

"嘿，火车到站的时间是6:40。"查尔索说。

"提前10分钟，也就是6:30。"笑面虎也表示赞同，"火车会在6:30经过这里。"

"你们是不是都觉得自己的数学学得不错啊？"布雷德嘲笑着说。

黑暗中，几个人都龇牙咧嘴地笑了起来。

"好了，现在是6:27，"布雷德命令大家，"你们这些大数学家都说再过3分钟火车就要来了，还不赶快把那些牛都赶过来？赶快！"

人体金字塔

你是不是觉得孤单单的一个人行驶在荒无人烟的大草原上是你经历过的最痛苦的事情？难怪你会毫不犹豫地让头一个搭便车的人上你的车。但无论你是多么的绝望、多么的孤寂，最好想方设法阻止"灾难马戏团"上你的车。

他们常常四处流动着演出，所以马戏团零零碎碎的东西会把你可怜的后车厢塞得满满的，于是车子里又闷又热。

在崎岖的小路上，漫长的旅行使得发动机"呼呼"作响，不停地抖动。突然"哐当"一声响，你的车子和上面所有的东西都跌到了一个矿洞里。

你在矿洞里还暗自庆幸你摔在了大象的背上，而不是它摔在你的背上。你的头上有一束微弱的光从洞口照了进来，没有绳子，没有梯子，没有任何可以攀爬的东西，你该怎么办呢？

"不用担心！"马戏团的领班说，"我们可以想办法先把某些人弄出去，然后他们可以去找别人来帮忙。"

"你怎么才能把人弄出去？"你问。

"我们可以搭一个人体金字塔！"领班吹牛说，"看！"

马上，有两个杂技演员并排站在一起，第三个人踩在了他们的肩头上。

"这样没用，"你说，"洞太深了，至少有10层人那么高。"

"10层人？"领班想了一会儿，"最顶上只需要1个人，第二层需要2个人，第三层需要3个人，以此类推，第十层需要10个人，我不知道我们的人手是不是够！"

这个金字塔需要多少人？

答案是10+9+8+7+6+5+4+3+2+1，总共是55人，但除了把它们一个个地加起来，我们还有另外一种方法。

如果你把金字塔移一下，它会构成像这样的三角形：

```
0                    0 0000000000
00                   00 000000000
000                  000 00000000
0000                 0000 0000000
00000                00000 000000
000000               000000 00000
0000000              0000000 0000
00000000             00000000 000
000000000            000000000 00
0000000000           0000000000 0
```

     三角形   两个三角形

如果你把两个完全一样的三角形拼在一起会出现什么情况？你得到了一个长方形！这样，你就可以迅速地算出你的三角形里总共有多少个数了。

1. 先算出长方形里有多少数。只需数一数底和边上的个数就可以了，这个长方形总共有11×10个数，即110个。

2. 把总数除以2，你就得到了每个三角形里面的个数了。

$$110 \div 2 = 55$$

（因为三角形里面总共有10层，所以我们把55称为10层三角形数。）

如果你知道一个三角形有多少层，你就可以算出这个三角形里面总共有多少数。只要把层数乘上层数加1再除以2就可以了。

台球中的球在开球前一般都是先这样排列的：

你能看出来这里面有多少个球吗？它有5×6÷2=15。

数学里面像这样的捷径很多，这只是其中的一种。1786年，在德国的一个教室里就发生了一个很有趣的故事：

老师可能是想趁机出去干点别的私事，就让学生们安静下来。他给大家留了一道特别复杂的算术题……

把1，2，3……一直加到1000为止，和应该是多少？

他刚把外衣穿上，可能在想是不是有足够的时间到附近的咖啡馆去吃块蛋糕，突然一个9岁的孩子喊了一声……

我做出来了，老师！

这个老师肯定是吓了一大跳，但谁叫他运气不好，偏偏碰上了后来成为伟大数学家的高斯呢！高斯30岁的时候在数学和物理方面的造诣已经很深了，难怪他9岁的时候很容易地就用三角形的巧妙方法把这道题解出来了。他的答案就是 $1000 × 1001 ÷ 2$，那么得数是 500 500。不过你现在可没有时间想高斯的事，因为你和一个马戏团的人被埋在了地底下，还记得吧？

"我们一共需要55个人，"领班说，"太幸运了，我们的人手够了。"

但正在这时，地底下裂开了一条缝，你们掉得更深了。

"糟糕，现在我们需要20层的人来搭金字塔了！"你绝望地说，"我们离洞口更远了。"

"我们现在是不是需要110个人了？"领班问道。

"好像比这还要多！"你不得不承认了。

现在的金字塔需要多少人了呢？

很简单： $20 × 21 ÷ 2 = 210$。

"210个人？"领班喊道，"如果我们把每个人都用上的话，好像正好够。因为是你算出来的，你可以先选择。"

"选择什么？"，你问。

"在20层中，你愿意在最底下还是最上面？"

三角形数的奇怪（没用）的特点

先看看前10个数的三角形数：

▶ 第一个三角形数是1。

▶ 第二个三角形数是3。

▶ 第三个三角形数是6。

▶ 第四个三角形数是10。

▶ 第五个三角形数是15，第六个是21，第七个是28，第八个是36，第九个是45，第十个是55，等等。（三角形数能任意大）

下面是一些奇怪（没用）的现象：

你把不超过3个的三角形数相加就可以得到任何数了（这3个或2个数可以是相同的，如10+10=20）。

▶ 如果你想要得到64，把3，6，55相加。

▶ 如果你想要得到42：36+6=42。

▶ 你自己试试这些数：26，38，44，49，67。

你会发现有些不是太好算，但最终还是能算出来的！

算三角形数的"友好"的方法——握手

假设有一天半夜，你没穿裤子就起来了，因为你想马上知道7的三角形数是什么。你当然知道可以用7×8再除以2的办法得到28，但还有另外一种方法。

你需要准备：

▶ 几瓶汽水和一些杯子

▶ 一些插着牙签的小块香肠

▶ 一些土豆片

▶ 好玩的帽子和爆竹（自选）

你所要做的就是邀请7个朋友来开即兴舞会。最重要的一点是：当每个人（包括你自己）出现的时候，必须和房子里其他的人都握握手。你负责数握手的次数，总的次数就是你想要的7的三角形数。

　　这种方法对任何数都适用，比如说你在火车上，突然很想知道13的三角形数，而车厢里正好有13个人，你就可以让每个人都握一次手，把所有的握手次数数出来就可以了。

　　有时候为了好玩，你还可以试试另外一种方法。假如你和一帮朋友在一起，先清点一下人数（不包括你自己），把三角形数算出来。如果你和4个朋友在一起，三角形数就是$4 \times 5 \div 2 = 10$。然后告诉他们，如果他们互相握手的话，总共会有多少次。他们一定会对你的准确的计算能力感到吃惊的。

五组数

你的朋友可能会认为你精力太充沛了，居然有时间看数学书！你还可以和他玩玩这个游戏。你要做的是，告诉他，通过下一页的5个数组，你就能和他产生心灵感应。你的朋友肯定说你在胡说八道，不过，你可以用下列方法证明给他看！

1. 让你的朋友在1到30之间任意选一个数，不用告诉你这个数是几。

2. 让你的朋友告诉你，这个数在哪几个数组里出现过。

3. 凝视这几个数组，并解释说，你正在通过这些数字和他产生心灵感应。

4. 你现在可以告诉你的朋友他选的这个数是几了。

5. 准备一把结实的凳子和一杯水，你的朋友吓昏过去之后可能会用得着。

这是怎么算出来的呢？看到每个数组块中所画的眼睛图案了吧，它的正上方各有一个数字。当你的朋友告诉你他选的数所

在的是哪几个数组块之后，你就把这几个数组块"眼睛"上方的数字加起来的和，就是他所选定的数了。（你会发现，有些数如"4"只在一组数中出现。但有些数在好几组数中都有，如"23"在4组数里面都出现了）

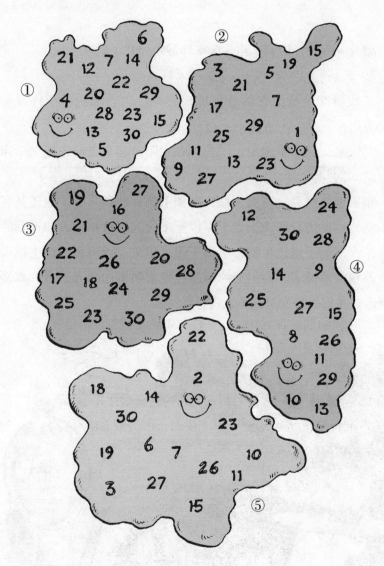

例如，他选的数是9，它在②、④组中出现，这两组中眼睛上面的数是1和8，1+8=9，你就猜中了。

在铁道旁

随着一阵轻轻的刹车声，火车静静地停在了轨道上。

"我猜准是哈里在信号房里捣的鬼。"吉米说，"你说是吗？头儿？"

"快来，"布雷德说，"我们在太阳升起来之前先把火车掩盖起来。"

布雷德监视着这群男人往火车顶上扔树枝和草叶。他还是有些不安，这事进行得太顺利了，以至于让人不敢相信。和计划的一样，火车为了避让牛群，不得不停了下来。司机和添煤工把火车一停稳就溜掉了。他们的的确确已经拿到了1500万，尽管都是些硬币。布雷德好像对此不太满意。

查尔索在火车车身上找到了一个小闸门。

"头儿，"他高喊，"快来看看这个，它好像松了。"

布雷德和其他人一起去看查尔索用石头砸那块金属板。突然，它弹开了，大把大把的硬币从洞口流了出来。

"哇，我们发财了！"威赛尔高兴地叫了起来。

"快，你这笨蛋，"布雷德厉声叫道，"还不拿东西来装！"

"快来，威赛尔。"查尔索也尖叫道，"我们需要你的裤子。"

威赛尔不干。可不容分说，他已经被硬拉着靠在了火车上，硬币哗哗地往他的裤子里流。

"好凉啊！"威赛尔结结巴巴地喊道。

"把他的腰带解下来系在裤腿上。"布雷德命令，"要不硬币会漏出去的。"

渐渐的，硬币哗啦哗啦的碰撞声越来越小了。

"嘿，威赛尔，你的裤子装不下了？"吉米问。

"不是装不下了，是要钻下去了！"查尔索说。

威赛尔已经被他沉重的裤子拖倒在地，慢慢地直往地下钻。

"快抓住他！"布雷德赶紧命令道，"他的裤子里还有很多钱呢！"

"一共2714元。"瘦高个儿说，"我数着呢！"

"再来一次，"布雷德说，"先把他带到车上去。"

当他们把奄奄一息的威赛尔拖到车上时，威赛尔使劲地喊了一声："嘿，瘦子，1500万需要多少个2714啊？"

"5526个，"瘦高个儿马上就回答，"还要多一点点。"

"我最后一次警告你们，"布雷德发怒了，"你们这些家伙就不能不用数学？"

"但是，头儿，"威赛尔说，"我们还是想个别的招儿吧，这样不行，否则你的人会被拉来拉去拉5000多次啊。"

"那可是个不小的数啊。"吉米说。

"我有个招儿。"查尔索说。

"什么招儿？"布雷德问。

"我们可以给威赛尔买条更大的裤子。"

一笔画

这不是你的错，这事有可能发生在任何人身上。

在神仙谷里，你为了摘一朵雏菊，小心地爬过一个老树根，突然一脚踏空掉进了一个你从未到过的岩洞里。

你看了看四周，墙上贴着各种奇怪的图形和符号。正在这时，你在黑暗的角落里听到了一声诅咒。

"不，我还是做不出来！"一个声音痛苦地喊道。

"那你必须去死！"一个神秘的声音高声叫喊。

"求求你了……再给我一次机会吧！"那个声音乞求道。

后来你弄明白了，很多年以前，一个农民也不幸掉进了同一个洞里，被这个巨神抓住了。"让我走吧！"这个农民说，巨神给了他一个机会。

"从墙上任选一个图形，"巨神说，"这儿有一根长线，你要用这根线摆出一个和它形状一样的图形来，但线不能重复，不能往回走。"

129

下面就是这个农民选的图形。

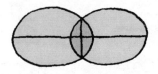

那么，这些难题是根本不可能解决呢，还是那个农民确实有点儿笨呢？

这些难题其实都非常有意思（除非你被那个奇怪的巨神吓坏了）。

其实，你可能接触过类似的题目。不是用绳子，而是让你用笔画一幅图形，但是：

▶ 中途不能把笔提起来。

▶ 任何一条线都不能重复走两遍。

这个古老的例子被称为"信封测验"，因为它看起来有点儿像封了口的信封背面。

你能不能把这个图形一笔画下来，而且没有任何的重复？

答案是"不能"。

注意：如果一些"大头"告诉你他可以做出来，那他是在扯谎。他唯一能做到的方法不是把信封折起来，就是用橡皮擦掉一条线，或者是他有一支有时写不出字来的笔。记住，这种人往往没有什么朋友，他们整天靠吹牛过日子。

现在看看这个打开的信封……

先从底下那根线开始，以旁边那根线结束，你可以把它画出来！

没用笔试之前，怎么判断你是不是能把这个图形画出来?

这个秘密是，观察那些直线相交的所有地方（我们称之为结点）。

一个封闭的信封有5个结点，其中4个是长方形的4个角，有3条直线在那里通过。另外一个是对角线的交点，有4条直线在那里通过。

现在你可以先把那些通过偶数条直线的结点忽略不计。所以在信封图形中，你可以把中间那两条直线忽略，只需要数出通过奇数条直线的结点的个数就可以了。

▶ 封闭的长方形有4个这样的奇结点（每个都有3条直线经过）。

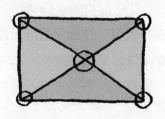

现在你看看那个打开的信封，别忘了，你不用数那些通过偶数条直线的结点。

▶ 打开的信封有2个奇结点。

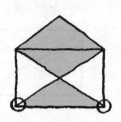

现在你可以得出结论：如果一个图形只有2个或更少的奇结点，你就可以把这个图形一笔画出来。

特殊结点说明

▶ 如果一个图形里面没有奇结点，你可以随便从任何地方开始或结束。

▶ 如果有2个奇结点，你必须在一面开始，在另一面结束。

如果你认真想想，你是能一笔画出下面这幅图形的。

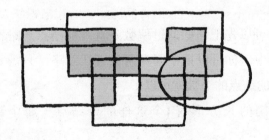

它只有2个奇结点。（你能找到它们吗？）

在我们回到那个岩洞之前，我们还需要知道两件事。

1. 如果图形里面有一条不封闭的线，这条线的这一端算为一个奇结点。

像这些：

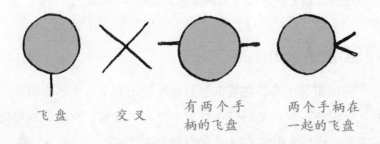

飞盘　　　交叉　　　有两个手　　　两个手柄在
　　　　　　　　　　柄的飞盘　　　一起的飞盘

第一个"飞盘"有2个奇结点，所以你可把它一笔画出来。

"交叉"有4个奇结点，所以你必须得把笔提起来。至于"有两个手柄的飞盘"……你自己数吧，很简单的。

2.奇结点的个数总是偶数，这是因为一条线段肯定有两个端点。试试把一大堆线画在一起，数一数奇结点的数目，肯定是这样的。

现在我们回到那个岩洞，看看农民选的这些图形，这里面有几个奇结点？

无论如何，现在已经轮到你了，巨神在招呼你。

"选一个图形。"他的声音怪怪的，听起来很吓人。

下面是墙上的一些图形，如果你想逃走的话，选哪个呢？

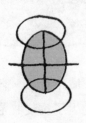
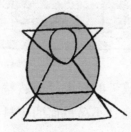
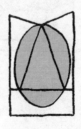

当然你是绝顶聪明的，选了一个对的图形逃出了那个岩洞，但你走得太急了，拐弯的时候走错了，结果你迈进了……

肮脏的法斯布城

在城市的中央（在普彻德公园附近）有个令人恶心的脏湖，好几年以来，城市里的脏水都集中流到了这里，所有的放射性废料和生物废料堆积成了3个小岛，分别叫"脏"、"丑"、"破"。

8座桥把这些小岛之间，以及把小岛和城市连了起来，你可以在下面的地图上看到这8座桥。

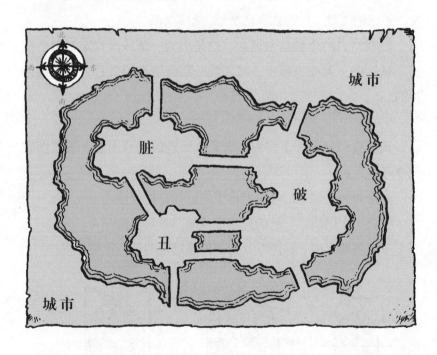

在一个黑暗的臭气熏天的晚上，突然整个城市都被一阵可怕的呻吟声吵醒了。好像是小岛里面的废料发生了突变！它把它自己变成了一个在陆地上游荡的，给人类带来疾病、灾难、瘟疫的恶魔。

阻止这场灾难的唯一办法是把桥拆掉。你作为英雄，当然义不容辞地挺身而出，做了一名志愿者。下面是你的建议：

▶ 你必须配备一个巨型蒸汽滚压机。

▶ 要毁掉桥，你必须把蒸汽滚压机从桥上开过。

▶ 一旦你开过一座桥，桥即被毁坏，你就不能沿原路返回来了。

▶ 你必须从城市中出发，最终还要回到城市里。

▶ 不能中途退出。

你能想一种可以一次性地通过8座桥的方法吗？（最好是把这本书给你最讨厌的那些人，让他们做，他们肯定做不出来）

在开着蒸汽滚压机奋战了几个小时，毁坏了几座桥之后，你开始意识到这个任务是不可能完成的了。至少还得剩下一座桥，否则，你有可能被永远地留在荒岛上了。

就在你准备放弃的时候，一个疯狂的亿万富翁突然说："如果我快速地建一座桥是不是可以帮他一下？"

整个法斯布城的人都愤怒了。

"我们想要毁掉桥，"市长说，"不是要更多的桥！"

"如果蒸汽滚压机也可以毁掉这座新桥，就像毁掉别的桥一样……"这个亿万富翁解释道。

大家还是对着亿万富翁大喊什么"笨蛋"、"傻瓜"之类的，但……

刷！你的脑子里忽然灵感一现，意识到这和你在那个岩洞里碰到的挑战是一样的。

如果你非常聪明，你就可以不继续往下读了！你能迅速地算出来应该在哪儿建一座桥吗？

看看桥的地图。你每座桥只能走一遍，不许往回走，和巨神让你画的图形是一样的。

为了更清晰一些，我们首先要把桥的地图简化一下，画成这样：

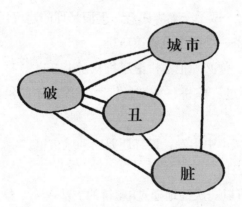

线代表桥，比如说城市到"破"之间有两座桥，所以在图中就有两条线。从"脏"到"丑"只有一座桥，在图中也只有一条线，等等。

你可以把这张图当做一个巨神的神秘图形，小岛和城市就是结点，你马上就可以看出，在这张图里面有2个奇结点！如果你翻回去几页，看看那部分"特殊结点说明"，你会发现你可以一次性地从所有的桥上走过，但你必须从"脏"岛中开始，在"破"岛中结束（试一试）。

现在的问题是你必须得从城市开始从城市结束，否则那恶魔会杀了你。再查一查"特殊结点说明"，那里说，如果图中没有奇结点，你就可以从任何地方开始和结束。这时就需要那个怪异的亿万富翁的支持了。

假如你在"破"岛和"脏"岛之间架另外一座桥……

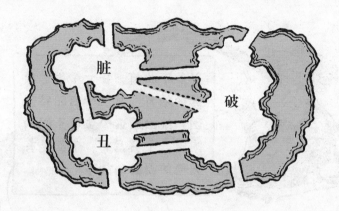

这就是说，在"破"和"脏"之间有偶数座桥通过，所以它们不再是奇结点了。即：现在这个图没有任何奇结点了，你可以随便从哪个地方开始或结束了。因此你可以从城市中出发而且最后还回到城市，这正是我们所希望的。

试试吧！你应该可以毁掉所有的桥（包括新桥）还能及时回到城市中来，挽救整个城市于危难之中。

吉帕特的大轮回

很多年以前，在一个很远很远的地方，有一个吉帕特王国。统治着这个金色王国的国王，十分富有，下面是有关他的财富的故事……

国王的皇宫有60座大城堡，每个城堡里面都住着国王的一个儿子，只有一个例外。有一天，皇后发现她古老的洗衣机坏了，于是她赌气地宣布："我再也不生了！"而这时，国王已经有59个儿子了。

因此，有一座城堡里面住的就不是国王的儿子，而是一条舌头分成三岔的大蛇。它是一个懒惰的却非常凶恶的食人动物。

很多人都来拜访国王，想把他们的女儿嫁给国王的儿子。作为对丰厚的嫁妆的回报，未来的新娘可以挑选一座城堡住进去。国王答应，如果她们挑选的城堡是他的儿子住着，第二天便可以举行婚礼。

哦，是不是一个可怕的故事？但国王是怎么办到的呢？为什么每个新娘都会碰到大蛇而不是王子呢？这个秘密在于他们是如何选择城堡的。

60个门的上面分别标有从1到60的号码，国王给每个新娘看一块记着古代的"神秘正方形"的石板。

这个新娘被要求从正方形里选一个数字，这个数字会被圈上一个圈。然后，包含这个数的列和行都打叉，比如说，这个新娘选了"13"，结果就是这样的：

接下来，她再选取一个没被叉掉的数，比如说"1"，再一次把它所在的那一行和那一列都叉掉。

根据这个规则，她还得再选取一个数字（比如说底行的"10"），然后她就只剩下4个数可以选择了（我们假设她选了"8"），最后只剩下了一个"7"没有被叉掉了。

·这些被圈起来的数加在一起就是她要进去的房间号。这一次你把13，1，10，8，7加起来，结果是39，也就是39号房间。

这里面的确有一点儿蹊跷，无论她刚开始选择什么数，或者是在中间选择什么数，最后的结果都是"39"！

假如她刚开始的时候挑的是"6"，然后底层的是"7"，再然后是"4"，最后是左面的"12"……

你可以看到剩下的数是10，把6，7，4，12和10加起来，结果还是39！

难怪国王会如此的富有。他所需要做的只是让大蛇待在39号房间的门后，等着享受美餐就万事大吉了。

怎样创造你自己的神秘正方形

你也可以自己创造一个神秘的正方形，产生一个你喜欢的任何数。这是一个可以和好朋友一起分享的非常好玩的游戏——假设你也有59个儿子和一条大蛇，然后你也就可以借这个发财了。这需要下点工夫练习练习，但值得，最终你会发现你能又快又好地蒙倒一大片对手。

你所需要的只是一张有25个格的空表格、一支笔和一个叫做帕斯的朋友。

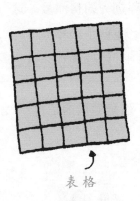

表格

笔

帕斯

让帕斯选择一个她喜欢的数，然后写下来。她可以选任何超过20的数（但也不要太大了，否则会太难的）。假设帕斯选的是"27"。

先让我们做一个简单型的神秘正方形：

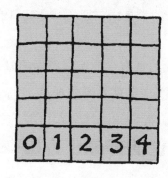

1. 先在底层写上0，1，2，3，4，好了，现在我们进入实战阶段。

2. 把帕斯选定的数减去10，她选的数是"27"，所以我们得到"17"。

3. 你必须得把这个数分成4个更小的数，比如说你可以把17分成2，3，5，7（只要这4个数加起来等于17就可以，是什么数没有关系）。

4. 把这4个数放在0所在的一列上，顺序任意。

5. 把剩下的格子按"顺序递进"的方法填上就可以了。比如说，从7开始，在后面填上8，9，10，11就OK了。

表格已经做完了！你现在可以叫帕斯随便选一个她喜欢的数，你把它圈起来，然后叉掉这个数所在的那一行和那一列的数，继续，直到你不能再圈了为止。最后你得到的5个数的和肯定是"27"！

如果你把你的神秘正方形做得很大，你可以不用铅笔来叉掉，而是用数字牌给它盖上（可以是钱，如果你很富有的话）。这意味着一旦你作完了你的神秘正方形，你能把牌翻过来再选一个另外的数，答案当然还是27！她肯定会被你的"神通"吓倒的。

好，现在你会做简单型的神秘正方形了，可以试试复杂一点的吗？

因为我们现在要把数混在一起，所以下面一行不用0，1，2，

3，4了。如果刚才帕斯还怀疑你做了什么手脚，现在她是真的不知道你在干什么了。

1. 在你开始之前，先让帕斯选一个她喜欢的方格，在那里放一个"0"。

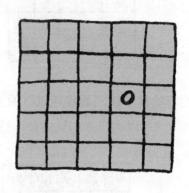

2. 在那一行放入1，2，3，4，顺序任意。

3. 下一步，你按前面所说过的方法算出4个数来。比如说这回帕斯选的是"41"，减去10，留下的是"31"。

4. 把"31"拆成4个不同的数。我们随便选一组：11+5+7+8=31，也就是说这4个数是11，5，8，7。

5. 把这些数任意填在"0"所在的那一列。

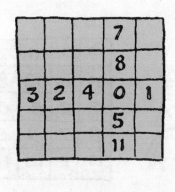

6. 按以前的规则，把其他的数也填上。但要按1，2，3，4的顺序排列。比如，看下面这个表的第一行，你可以看到在0上面的数是7，因此这一行所有其他的数都比0那一行的数增加7开始顺序递增，所以1上面的数是8，2上面的数是9，3上面的数是10，而4上面的数是11。

第2、4、5行以此类推。

下面就是一个完整的关于"41"的神秘正方形：

10	9	11	7	8
11	10	12	8	9
3	2	4	0	1
8	7	9	5	6
14	13	15	11	12

　　怎么样？并不比简单型的要难多少，是吧？但对于帕斯来说，要理解这种方法就有点儿难了。而且她也不知道应该把第一个"0"放在哪儿好！

　　这个游戏还有一点好处，就是对于不是叫帕斯的其他人也一样适用。

出人意料的结局

本尼在柜台后面紧张地走来走去，他已经完全记起来那些坐在第12桌的家伙了，上次他们来的时候，地板上刚刷过一层漆，他还向他们解释说，这是不经意泼出来的西红柿的汤。人们一直都认为他是全镇上最滑稽的服务员。本尼想，这次他们和一位尊敬的夫人在一起，可能会收敛一点儿，不再做坏事了。

"给你，多莉。"布雷德说，"这是归还所有保释金的支票，包括利息。"

"干得很好，伙计！"她把支票折起来塞进了她的高跟鞋里。

"把所有的硬币存到银行里可不是件容易事啊！"吉米说。

"你不用说我也明白。"多莉讥笑道，"对了，威赛尔，你的裤子怎么了，我好像只在马戏团里才见过这种裤子。"

"别提了。"威赛尔不好意思地说。他勉强能通过他的大裤子的皮带看到外面的东西。

"现在我们还完钱了，"布雷德说，"我们要走了。"

"不要着急，伙计们！"多莉颇为得意地说，"为什么不看看这张支票要给谁呢？"

　　大伙不安地互相对视了一眼，这时，门开了。

　　"晚上好，朋友们！"监狱的狱长走了进来，"好久不见了！"

　　"是比克！"查尔索叫了起来。

　　"别紧张，"布雷德说，"我们已经付完了所有的钱，他不会碰咱们的。"

　　"你们付完了？"狱长故意问，"是这样吗？多莉。"

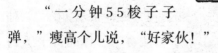

　　"一分都没有，亲爱的。"多莉走过去，把他身后的门关好。

　　"是不是真的？"狱长说着从他的衣服里面掏出了一把九轮25发自动机关枪。

　　"混蛋！"吉米暗暗咒骂道。

　　"一分钟55梭子子弹，"瘦高个儿说，"好家伙！"

　　"据我和多莉所知，"狱长慢吞吞地说，"你们7个家伙私吞了保释金，还劫持了诺克斯高速列车，伙计们，他们会在格林州欢迎你们的。"

　　"我早就预感到有什么不对劲儿了，"布雷德解释说，"我们从没碰过1000万的保释金，而且那列火车上的人把火车停下之后，就自己逃走了……"

　　"他们是哈里的兄弟，"多莉得意地说，"我们一切都安排得天衣无缝。"

"兄弟们，"布雷德气愤至极，"多莉和比克把咱们耍了。"

"你总是输，布雷德，"多莉说，"你们到牢里面去发牢骚吧！我和比克要去做一次长途旅行了。"

"我们只想知道一件事，"布雷德还有些不服气，"那天是谁扔的炸弹？"

狱长笑了。

"我承认是我干的，你们这些浑小子该吃点苦头儿了。"

多莉把本尼喊了过来。

"嘿，你别躲在柜台后面了，把窗帘拉下来吧，今天晚上这个地方提前打烊。"

本尼赶紧照吩咐做了。

"本尼，关完门之后你去喊一下福斯，"狱长说，"你们谁敢动一动，我就让你们变成一碗碎肉汤。"

喱！门突然被推倒了，厚厚的门板把多莉和狱长全压在了下面，一个巨大的身影出现了。

"是波基！"有人喊道。

"我又迟到了吗？"波基在门口停了一下，向四周望了望，"我吃饭来了。我看见这个地方这么早就要关门，就赶快跑了进

来，想赶上最后一拨。但门关着，我走得太快了，停不下来，结果把门给踢倒了。对不起，本尼，我会赔偿你的。"

门下面传来了几声闷闷的呻吟。

"波基，"布雷德命令说，"站在那儿别动。吉米，给他一把凳子，剩下的人把那张桌子放到门上面，本尼，你把菜单上的东西每样都给我上3份，再给我拿一份你们餐厅最好最大的布丁。"

"但是头儿，"波基说，"我可没那么多钱埋单啊！"

"没关系，大个子，"布雷德笑着说，"今天比克请客。"

3小时后，晚餐还在继续。

"……最精彩的是，"布雷德说，"比克来抓我们7个人，但他却没留意到这里只有6个人！"

实际上，如果狱长能停下来数一数人数，这个故事的结局就要重写了。这只表明，即使是最简单的数学也可以是魔力无边的。

"经典科学"系列（26册）

肚子里的恶心事儿
丑陋的虫子
显微镜下的怪物
动物惊奇
植物的咒语
臭屁的大脑
神奇的肢体碎片
身体使用手册
杀人疾病全记录
进化之谜
时间揭秘
触电惊魂
力的惊险故事
声音的魔力
神秘莫测的光
能量怪物
化学也疯狂
受苦受难的科学家
改变世界的科学实验
魔鬼头脑训练营
"末日"来临
鏖战飞行
目瞪口呆话发明
动物的狩猎绝招
恐怖的实验
致命毒药

"经典数学"系列（12册）

要命的数学
特别要命的数学
绝望的分数
你真的会＋－×÷吗
数字——破解万物的钥匙
逃不出的怪圈——圆和其他图形
寻找你的幸运星——概率的秘密
测来测去——长度、面积和体积
数学头脑训练营
玩转几何
代数任我行
超级公式

"科学新知"系列（17册）

破案术大全
墓室里的秘密
密码全攻略
外星人的疯狂旅行
魔术全揭秘
超级建筑
超能电脑
电影特技魔法秀
街上流行机器人
美妙的电影
我为音乐狂
巧克力秘闻
神奇的互联网
太空旅行记
消逝的恐龙
艺术家的魔法秀
不为人知的奥运故事

"自然探秘"系列（12册）

惊险南北极
地震了！快跑！
发威的火山
愤怒的河流
绝顶探险
杀人风暴
死亡沙漠
无情的海洋
雨林深处
勇敢者大冒险
鬼怪之湖
荒野之岛

"体验课堂"系列（4册）

体验丛林
体验沙漠
体验鲨鱼
体验宇宙

"中国特辑"系列（1册）

谁来拯救地球